养殖致富攻略·疑难问题精解

仔猪健康养殖

ZIZHU JIANKANG
YANGZHI 180 WEN

180 问

王会珍　董传河
王元虎　吴占元　主编

中国农业出版社
北京

本书有关用药的声明

主　　编　王会珍　董传河　王元虎　吴占元

编　　者（按姓氏笔画排序）

王元虎　王会珍　王军一　杜培杰

李家伦　吴占元　宋　涛　陈洪友

周　磊　董传河　谭善杰

近年来，尤其是非洲猪瘟疫情发生以来，国务院出台了一系列政策措施，旨在稳定生猪产业的可持续发展，保障猪肉稳定供应和养猪业者的基本利益。在市场条件与政策因素的双重作用下，养猪人不仅要学会把握养猪业发展规律，不能盲目扩大或者缩小养殖规模；而且更重要的是要掌握养猪技术，控制养猪成本，增强市场竞争力。

在养猪成本中，仔猪和饲料占90％左右，仔猪质量的高低对育肥猪料重比有直接影响。因此，提高仔猪的成活率和适应性对于控制养猪成本至关重要。本书就养猪的市场行情把握，母猪的分娩、接产和哺乳期饲养管理，哺乳、断奶、保育仔猪的培育，仔猪疾病的综合防治，母猪产房和仔猪保育舍的建设，以及仔猪买卖与运输等方面，归纳出180个关键技术问题，体现了实用、管用、够用的特点，为仔猪生产提供技术指导。

由于编者水平所限，书中难免出现一些不当之处，恳请广大同仁批评指正！

编　者

2020 年 6 月

目录
CONTENTS

一、养猪行情的分析与把握

1 现代化养猪的生产指标主要有哪些？

我国公认的主要养猪生产指标有：

（1）繁殖性能。每头母猪年繁殖 2.2～2.3 窝，每窝成活仔猪 9.5～12 头，年繁殖成活 19～27.6 头仔猪，年提供商品肉猪18～25 头。不同阶段猪群成活率：哺乳仔猪 94％，断奶仔猪 96％，生长育肥猪 98％。

（2）育肥性能。生长育肥猪 170～180 日龄时，体重达105～115 千克。若以仔猪出生到育肥应摊的母猪和公猪所消耗的饲料加育肥猪本身消耗的饲料计算，饲料利用率为 4.5％～5.0％。从仔猪出生到育肥出栏全程料重比为（2.4～2.8）∶1。

（3）劳动生产率。按猪场全员（包括直接生产人员和管理人员）计算劳动生产率，每个劳动力年生产肉猪 500～1 000头。

2 怎样预测市场行情？

市场行情是由大市场和小市场决定的。所谓大市场即国际市场和国内市场的总体趋势。例如，在新冠疫情的大形势下，几乎没有什么产业不受影响。小市场即周边传统的消费市场，比如，春节、中秋节前是传统的消费旺季，而节后的消费要低迷一段时间，生猪出栏期一般也要避开这个阶段。

3 生猪生产的周期是如何变化的？有何规律可循？

猪的生产周期相对较长，无论行情好坏，短期内的社会总供应量是既定的。繁殖期加生长育肥期为一个生产周期，可以按10个月计算；一般也习惯将生猪的6个月生长育肥期视为一个生产周期。行情好时，养殖户蜂拥跟进，一个生产周期后往往市场达到饱和，价格走向低谷。

4 如何根据生猪生产周期进行生产？

市场行情呈波浪形的走势。在行情看好的早期和市场低谷期开始投入生产，一个生产周期后，因生猪存栏有限，生猪出栏时的价格相对较好，持续的价格高峰之后，往往出现持续的价格低迷。

5 怎样进行猪群成本核算？有什么好处？

猪场的支出，可简单概括为生产性投入和非生产性支出两大类。生产性投入是生产经营不可或缺的基本内容，如种猪费、取暖费、配种费、饲料费、人工费、防疫治疗费等，分摊到出栏的生猪成本中，靠取得的利润来回报。而非生产性支出，如办公费、利息、招待费等，最终也分摊到生产成本中。最大效率地利用生产性投入，尽量节约和降低非生产性支出，降低生猪生产成本，才能谋取最大的经济效益。近几年育肥猪一般成本构成见图1。

6 规模养猪场主要有哪些费用？

养殖过程中需要支付土地费用、基础建设费、设备购置安装费、种猪购置费、取暖费、水电费、劳务费、饲料费、配种费、防疫治疗费等，还要支付贷款利息、运费、中介费等，生产过程中还需要一定的资金周转和储备金。

图 1　育肥生猪成本构成

7 怎样降低养猪成本？

提高生产成绩，多产少死快长。提高生产性投入的利用率，尽量节约和降低非生产性支出。具体地说，提高劳动生产率，避免设备、投资和劳动力的闲置；加强饲养管理措施，使用先进科学技术，提高平均每头母猪年提供断奶仔猪的数量；提高饲料、饮水和兽药利用率，避免浪费；把握价格行情，适时适度储备生产资料；节约和降低非生产性支出，对粪污等进行资源化利用。只有降低生猪生产成本，才能谋取最大的效益。

8 什么是猪群规模？饲养密度多少合适？

猪群规模是指以每一个圈栏为一个小群所饲养的头数。在大的猪场每圈可饲养 30 头，中小型猪场每圈以 10～20 头为宜。同期产仔的母猪头数多，同期断奶的仔猪数量大，在较大的群体规模中比较容易做到仔猪之间差别不大；如果仔猪总体的数量少，每群（圈）的规模就应当相应缩小。当然，大的群体规模要求保育猪舍的各种设备、设施更加齐全。

饲养密度是以每头仔猪平均占有的圈舍面积来计算并且要根据具体条件来确定。网床式保育栏和全漏缝地板猪舍，每头仔猪平均占有的面积初期为 0.3 米²，后期为 0.4 米²；在实心地面圈舍，初期为 0.35 米²，后期为 0.45 米²。新入舍的仔猪如果执行初期的饲养密度，到了饲养中期（一般在 3 周左右）就应当疏散密度，这样就会使仔猪再一次受到猪群重组的应激。因此，一般在保育期的初期即按后期的占有面积来确定饲养密度，使仔猪有较宽松的圈栏条件。

猪群规模和饲养密度过小，养猪设备的利用率低，劳动生产率低；规模和饲养密度过大，则对仔猪的生长不利。

9 农户保持多大猪群规模较为适宜？

按每头繁殖母猪窝产 10 头仔猪计，每头仔猪长到 50 千克体重用料约 80 千克，成本约 400 元，预防及保健费用约 40 元；育肥至 100 千克出栏，用料 175 千克，成本约 450 元，保健及防疫费用 10 元；每头繁殖母猪年饲养、配种、保健及折旧费用约 4 000 元，年产两窝，分摊到每头猪的成本为 350 元。合计每头育肥猪的总成本为 1 250 元左右（以目前价格算）。也就是说，每头母猪饲养的周转金约为 1.2 万元。每头育肥猪需要的饲养圈舍面积按 2 米² 计，母猪按 10 米² 计，饲养面积需要 30 米²。根据占用劳动力、资金及猪舍面积情况，农户家庭饲养以 5~10 头繁殖母猪为宜。

10 生猪价格高峰期怎样进行扩繁？

生猪价格高峰期，相关的生猪产业步入巅峰，生猪购销两旺，仔猪和种猪价格也会大幅提升。这个时期，生猪供应量相对少，养猪利润可观，养猪人信心大增，往往惜售心重，扩大生产的愿望强，母猪存栏量开始上升。但如果盲目留种、引种、扩繁，待经过育成—配种—妊娠—产仔—育肥一个周期后，行情已今非昔比，也许跌入低谷。应当冷静分析市场走势，在社会存栏供应量少的情况下，可以适度扩大规模，但不可过度扩张。

11 生猪价格低潮期怎样保持生猪生产？

生猪价格低潮时，养猪出现亏损，养猪积极性受挫，繁殖母猪存栏减少。这个时期，不要盲目宰杀母猪，更应当加强饲养管理，可以借价低机会，选留和更新母猪群，为下一轮的生产做好准备。

12 规模养猪有哪些风险因素？

一是行情低谷，即消费市场的饱和滞销，会套牢和逼迫养殖户甩卖；二是疫情，不经意的疫情就会毁掉既有劳动成果，使养殖户血本无归；三是成本高昂，苗猪和生产资料价格的攀升，会吃掉经营利润；四是管理不善，同行不同利的区别就是经营管理手段的差异造成的；五是自然灾害和人为破坏带来的风险；六是环保问题的制约。

13 如何规避养猪风险？

搞好市场预测，避免盲目跟进高峰行情；加强防疫管理，搞好疫病防治，避开疫情的伤害；加强综合饲养管理措施，有效利用现有资源和条件，提高生产效率，降低生产成本；走合作社的路子，发展订单养殖，提高抵御和化解市场风险的能力；参加养殖保险，强化风险意识。

14 为什么要实行管理工作的程序化和规范化？

仔猪饲养管理的日常工作包括对猪群的观察检查、饲喂、卫生保洁、猪舍设备的检查维护、免疫保健和治疗等。每项工作都要有一定的操作规程，各项工作要按一定的次序进行，并且每项工作都应安排在每天相对固定的时间里进行，这样能使仔猪更快建立起条件反射，让仔猪的进食、休息和活动养成规律，有利于仔猪的生长发育。实现日常工作的程序化和规范化，便于猪场的统一检查和管理，有助于实现管理人员、技术人员和饲养人员间的默契合作。

二、母猪分娩准备

15 产前母猪如何饲养？

临产前母猪的饲养主要是根据母猪体况和乳房发育情况而定。体况好的母猪产后初乳量较多、较稠，而小猪出生后吃乳量有限，有可能因母乳过剩而造成乳腺炎；仔猪吃了过稠的乳汁，常常引起消化障碍，或时感口渴，若喝脏水易造成下痢。所以，对于膘情好的母猪，在产前5～7天按每日喂量10%～20%比例减少精料，少喂或不喂青绿多汁料，自由饮水。在分娩当天可少喂或不喂饲料，喂给麸皮盐汤水等轻泻料来防止母猪产后便秘。对于体况较差的母猪，产前不但不减料，反而加喂一些高质量的饲料，如含蛋白质多的动物性饲料、饼粕类饲料和质量好的青绿多汁料。体况太差的母猪产前不限量，能吃多少吃多少，实行短期优饲，否则影响分娩后乳汁的分泌，进而影响仔猪的生长发育和断奶后母猪的再发情。有条件时可在饲料中添加脂肪。为了抑制和杀灭一部分肠道的常在病原菌，提高小猪生活环境的洁净度，在母猪产前一周的饲料中添加肠道抗菌药物，可在每吨饲料中添加泰乐菌素、磺胺二甲嘧啶各100克。

16 母猪分娩的产房怎样准备？

养猪场最好为母猪设置产房。根据母猪的预产期，在母猪产前5～7天，将产房打扫干净，用3%～5%石炭酸或2%～5%来苏儿，也可用3%烧碱水进行消毒；墙壁用20%的生石灰乳粉刷。使用过的产房如果是土质地面，应将污染的土层清除掉，垫上新土，再用漂白粉或生石灰乳进行消毒。新的垫草应事先置于密闭的房舍中经甲醛熏蒸消毒后备用。产房内要求干燥（相对湿度保持在65％～75％）、温暖（温度以18～22℃为宜）、清洁、阳光充足、空气新鲜。如果产房湿度过大，可将生石灰和炉灰渣（1：3）或锯屑铺在圈舍内。温度过高过低都是仔猪死亡和母猪患病的重要原因。在寒冷季节，产房内应装土暖气、红外线灯和加厚垫草（干燥、柔软、清洁，长度10～15厘米）等给母猪和仔猪保暖，条件好的猪场可为小猪设置恒温保育箱或电热板等。

17 母猪分娩需要准备哪些接产用具和物品？

产前要准备好分娩时所需要的用具及物品，如母猪圈卡片、钟表、母猪生产记录表，消毒用的酒精、5％碘酒、2％来苏儿、高锰酸钾、肥皂、手术刀、针线，装小猪用的箱子，照明用的灯或手电，小猪取暖用的火炉、红外线灯等，接产用的擦布、剪刀、结扎绳（浸在酒精里或来苏儿溶液中），打耳号用的耳号钳，剪牙用的钳及称小猪用的秤等。

18 母猪何时进入产房？

母猪妊娠期112～116天。母猪预产时间可以查阅预产期推算表；在没有表的情况下，可根据配种日期来推算，如可按"三三三"的方法，即母猪配种后妊娠3个月加3周再加3天的方法推算。这种方法使用较为普遍，但由于114天是妊娠期的平均值，所以很容易算错预产期，发生措手不及的情况。还可以按照110天，采用月加4、日减10的方法推算，如果出现连续的2个大月则应减去1天，如果遇到2月则相应加上2天或1天（视当年2月是28天还是29天而定）。这种方法较为保险、主动，值得推广应用。如5月17日配种的母猪，按"三三三"，它的预产期是月份加上3等于8，日期再加上24（21＋3）等于41，所以预产期应是9月11日；按"＋4－10"，其预产期为月份加上4等于9月，日期减去

10 等于 7 日，则为 9 月 7 日，但这期间碰到 7、8 连续两个大月，应减去 1 天，所以预产期应为 9 月 6 日。如果妊娠期为 114 天，则后者可以多出几天的准备期；即使提前分娩，也有几天的准备时间。

根据母猪的预产期，提前 5～7 天把母猪赶进已消毒好的产房。建立值班制度，观察母猪临产征兆，保证母猪生产时有人照管，减少新生仔猪的死亡。

母猪转入产房时应在饲喂前（空腹）进行，预先在产房饲槽内投放饲料，母猪进入产房后即可吃料，这样可以减少新环境对母猪的刺激。

19 怎样处理待产母猪的体表？

母猪进产房前必须对其全身消毒。在产房外适当地点设母猪消毒间。冬天用温水，夏天用凉水。先用温水刷拭全身，把体表的粪污都洗刷干净，然后用 0.1% 新洁尔灭溶液（或百毒杀或来苏儿）对全身无空隙喷洒，尤其要注意母猪外阴部和乳房的消毒。待母猪体表基本干燥后，用 0.5% 敌百虫溶液进行全身喷洒，对有疥癣的部位重点喷洒或涂抹敌百虫溶液。

20 产房应保持怎样的小环境？

分娩前母猪喜卧，不喜欢过多的运动，故产房应保持安静、干燥和温暖，舍温在 18～22℃ 母猪感到舒适；母猪粪便要及时清除，保持分娩栏床面和母猪后躯的清洁；饲养人员应多和母猪接触，并在喂食或清扫圈舍时，用手按摩或用扫帚刷拭母猪身体，让母猪不怕人，为给母猪接产做好准备。母猪分娩前叼草絮窝，为了便于饲养人员观察其分娩时间，可在圈舍中放一些垫草。

21 怎样提高和保持母猪的泌乳潜力？

母猪乳房的构造不同于牛、羊等其他家畜。牛、羊的乳房都有较发达的蓄乳池，而猪的乳房蓄乳池极不发达，不能蓄积乳汁，所以仔猪不能随时吸吮乳汁。各个乳头的泌乳量不完全一致。猪乳的分泌在最初 2～3 天是连续的，以后只有受到仔猪鼻突的冲撞、拱揉刺激后（通常需 2～5 分钟），母猪才能开始排乳。由前端乳头开始向后端乳头扩布。每次排乳时间很短，只有 10～20 秒。开始时大约每隔 1 小时排乳一次，随着泌乳的进展，间隔时间逐渐拉长。

猪的乳腺是在母猪本身发育成长过程中，也就是在两岁半以前发育完善的。乳腺发育主要发生在泌乳期中，只有被仔猪占用的乳头的乳腺才得以充分发育。对初产母猪来说，对其乳头的充分利用是至关重要的。如果产仔数过少，使有些乳头未被利用，这种乳头的乳腺则发育较慢，甚至停止活动，缩小容积，再次产仔时，产乳量不多甚至停止泌乳。因此，要设法使所有的乳头经常被小猪占用（如采取并窝、代哺、或训练本窝部分小猪同时哺用两个乳头等措施），才有可能提高和保持母猪一生的泌乳力。

22 母猪分娩前有哪些异常行为？

母猪在妊娠后期活动明显减少，性情变得温驯，并喜欢躺卧。在分娩前 2 天却一反常态，表现烦躁不安，食量变小，用嘴拱床面、前蹄扒床面，起卧频繁。有防卫反应，当陌生人走近时，常有张口攻击动作出现。接近临产时母猪排粪次数增加。

23 母猪临产有哪些征兆？

临产母猪除了行为异常外，根据多年积累的经验，可采用"三看一挤"的方法观察母猪是否临产。即"一看乳房，二看尾根，三看行为表现；一挤乳头"。母猪乳房胀大有光泽，两侧乳头外胀呈"八"字分开，俗称"奶头爹，不久就要下"。临产母猪的腹围变小，阴门松懈，尾根附近塌陷（俗称"塌胯"）。母猪起卧不安，在圈舍内来回走动，叼草絮窝，排零星粪便这种行为出现后一般 6～12 小时就要分娩。母猪阴门红肿，有黏液流出，频频排尿，俗称"母猪频频尿，产仔就要到"。

一般情况下，母猪腹部前面的乳头流出浓乳汁后 24 小时左右可能分娩；中间乳头出现浓乳汁后 12 小时左右可能分娩；后边乳头出现浓乳汁后 3～6 小时可能分娩。但以上时间也不是绝对的，乳汁出现的多少和早晚与母猪吃的饲料种类和母猪的身体状况有关。判断母猪产仔比较准确的方法是用手轻轻挤压母猪的任何一个乳头，都能挤出很多、很浓的乳汁时，说明母猪马上就要生产了。俗话说"奶水穿箭杆，产仔离不远"。

24 对出现产仔征兆的母猪怎样消毒？

出现产仔征兆后，要对母猪体表进行再次消毒。可用 0.1% 高锰酸钾溶液对乳房区和后躯进行消毒，擦洗干净，对乳头要逐个检查擦拭，将乳头管上的堵塞物挤出，保持乳管畅通。

25 母猪同步分娩技术怎样操作？有什么作用？

同步分娩是对母猪分娩的自然过程进行人工诱发和控制。在预产期前 1 天的上午 11 时，给母猪肌内注射前列腺素 3～4 毫克或氯前列烯醇 175 微克，大多数母猪可在 18～30 小时产仔，产仔主要集中在第 2 天的白天。预产期按 114 天算，部分母猪会提前生产，在注射前列腺素后，有些母猪随时可能分娩。这对改善下一个繁殖周期母猪的发情、平衡产仔母猪的哺乳头数、缩短产程、提高产床的利用率、合理安排接产人员等都有积极的意义。

前列腺素可以溶解黄体、松弛子宫颈、促进子宫收缩。在诱发同步分娩技术的同时，可加快产后恶露的排出，加速子宫复原和促进断奶后的正常发情。少数母猪逾期不产，也可以注射前列腺素解决。

26 怎样让母猪白天产仔？

母猪自然分娩通常在夜间，为了便于生产管理，采用同步分娩技术，使大多数母猪集中在白天分娩。据有关资料报道，在下午 1～4 时进行配种的母猪白天产仔。

三、母猪接产操作

27 母猪通常的分娩时间和过程怎样？

临产征兆出现后，母猪进入分娩的准备阶段。此阶段母猪的子宫肌肉收缩、子宫颈扩张。由于子宫肌肉收缩，迫使胎内羊水和胎膜向已松弛的子宫颈推进，使子宫颈扩张。子宫的收缩开始为每15分钟周期性地发生一次，每次持续20秒左右。以后子宫收缩频率、强度和持续时间增加，一直到每隔几分钟重复地收缩1次。此时胎儿和尿囊绒毛膜被推进骨盆，尿囊膜破裂。囊中的尿囊液流出，俗称"破水"。子宫收缩由慢到快，胎儿进入骨盆和产道，排出体外。一般正常的分娩5～25分钟产出1头仔猪，分娩持续时间为1～4小时。仔猪全部产出后隔10～30分钟胎衣排出，标志着分娩结束。

28 为什么不能让母猪吃掉胎衣？

母猪吞食胎衣后，尝到了"甜头"，易养成饥饿时吃仔猪的恶癖。另外，胎衣在母猪肠胃内部不被消化，易引起消化不良，或停食或腹泻，造成母猪乳汁减少和乳脂率提高，使仔猪吃后消化不良、腹泻。某些经过胎盘垂直传播的疾病，可能致使胎衣带毒，母猪吞食胎衣后，重复感染母猪。因此，胎衣排出期间，接产人员一定要在母猪旁边守候，一边排，一边捡，千万不要让母猪吃胎衣。

29 母猪产仔迟缓怎么办？什么样的因素容易使母猪产仔迟缓？

正常分娩全程 2～3 小时，产仔间隔 10～20 分钟。有时因母猪身体衰弱、宫缩迟缓无力而产仔迟缓，产仔间隔和分娩全程都有明显延长。有一部分仔猪在子宫内由于胎盘剥离过早而窒息死亡。有的母猪在产第三头仔猪后发生产仔迟缓。初产母猪、老龄母猪、配种不适时的母猪、死胎比例大和胎儿过大的母猪，以及分娩环境不安宁，都易产生产仔迟缓。品种优良的母猪、完全舍饲而运动不足的母猪更容易发生产仔迟缓。

因此，要保持环境安静，对分娩过程进行积极的人工干预。在产仔间隔超过 30 分钟以上，或者在产第三头仔猪后，立即给母猪注射催产素 10～20 单位。催产素不能在第一头仔猪降生之前注射，因为此时子宫颈口尚未充分张开，注射催产素会造成难产。母猪产仔时间过长，发现口渴现象，应给予少量温盐水。如发现分娩无力，可随着母猪的腹压动作，用手托住母猪腹部向腰角方向推动，或学仔猪吮乳动作刺激母猪乳房，已经出生的仔猪拱乳头吃初乳均有助于缩短产仔间隔。

30 母猪难产怎么办？

母猪出现分娩征状，生殖道流出羊水（破水）后长时间腹部剧烈阵痛，用力努责，甚至排出粪便，也不见仔猪产出；或由于母猪体弱，在产下第一头仔猪后没有宫缩现象，其余仔猪长时间产不出，都称为难产。完全舍饲和缺乏运动的生产方式易使母猪难产。在第一头仔猪产出之前发生难产，可注射前列腺素或松弛素等药物助产。在已经有仔猪顺产之后发生难产时，可注射催产素。猪胎儿和母体胎盘的联系不紧密，子宫的强烈收缩容易使二者分离开来。胎儿如果不能很快产出，就可能因缺氧而死亡。临床上常可见到使用催产素治疗难产时产出较多死胎，就是因为使用大量催产素后，使胎儿过早脱离母体胎盘导致胎儿缺氧死亡。所以，催产素使用剂量要适宜，一般每次 10～20 单位；根据子宫收缩及胎儿排出情况，可以考虑间隔 2～3 小时重复使用一次，同时结合其他方法进行助产。如果不是小猪横位，而属于宫缩无力，一般 20～30 分钟可产出仔猪；如果使用催产素不见效，饲养员可用一只脚踩在猪的腹部，随猪宫缩时适度用力，这样可增加腹压，加快生产。若还不行，应手术助产。剪短、磨光手指甲，用肥皂、来苏儿水洗净、消毒手臂后涂抹润滑剂（如医用凡士林等），或戴上产科手套，随着母猪的努责间隙，五指并拢呈锥形，手心向下，慢慢旋转伸入阴道 12～15 厘米处，如果没有摸到仔猪，不应再向里掏，待仔猪或死仔下来时再去掏。待摸到仔猪，如果是横位（小猪横向卡在产道内），应将其顺位，让母猪自己产出，或随母猪努责慢慢拉出。拉出一头小猪后若母猪转为正常分娩，不必再人工助产。人工助产后应给母猪注射抗生素或其他消炎药物，也可以直接用手将 160 万～320 万单位青霉素送入产道内，以防产道、子宫感染发生炎症。在药物助产和人工助产都无效时，应及时进行剖宫产手术。

产仔结束后，用 0.1% 高锰酸钾溶液或 0.1% 新洁尔灭溶液或 0.1% 乳酸依沙吖啶擦洗母猪后躯及外阴部，防止引起生殖道疾病。

31 母猪胎衣不下怎么办？

在胎儿全部产出 3 小时以后，胎衣仍不排出即为胎衣不下。母猪常卧地不起，不断努责，阴户流出暗红色带臭味的液体，可注射脑下垂体后叶素 20～40 单位，或肌内或皮下注射催产素 5～10 单位，24 小时后再重复注射一次。也可投服益母草流浸膏 4～8 毫升，每天 2 次。母猪的胎衣重量依仔猪的多少而不同，一般每头仔猪胎衣重 270～300 克，假若生 10 头仔猪，应排出胎衣 2.7～3 千克，排出的胎衣明显少时，必须注意还有胎衣残留在母猪的子宫里。如用催产素胎衣还是不下，可用 0.1% 高锰酸钾溶液冲洗子宫，并投入土霉素片。也可进行胎衣剥离，这种母猪往往有严重的子宫内膜炎，被淘汰的可能性很大。正常情况下，在产后 10～60 分钟之内，从两子宫角内分别排出一堆胎衣。猪一侧子宫内

13

所有胎儿的胎衣是相互粘连在一起的，极难分离，所以生产上常见母猪排出的胎衣是非常明显的两堆胎衣。清点胎衣时可将胎衣放在水中观察，这样就能看得非常清楚，通过核对胎儿和胎衣上脐带断端的数目，就可确定胎衣是否排完。

四、产后哺乳母猪的饲养管理

32 母猪分娩后如何护理？

分娩后母猪的健康状况，对仔猪育成率和断奶体重影响极大。因此，必须加强母猪的产后护理。母猪在分娩过程中，一般不喂食，如果分娩时间较长，母猪口渴，可以喂些稀的温热的麸皮盐水，可以增强母猪的体力，利于分娩，还可防止母猪因口渴而吞食仔猪。

分娩后母猪往往疲乏，感觉口渴，没有食欲，也不愿活动。可以喂给豆饼、麸皮汤或调得很稀的汤料。产后 2～3 天不宜喂得过多，让母猪休息，可以加适量的青饲料来清火。即使有少数母猪产后食欲较旺盛，也必须在喂量上加以限制，防止造成母猪"顶食"。分娩后 4～5 天可逐渐增加饲喂量，直到产后一周左右，恢复正常喂量。产后 10～15 天内，都应以稀粥料为主，如喂稠料要保证供给清洁的饮水，以利于提高泌乳量。切忌喂大体积的饲料使母猪的胃肠胀得过分充满。

如果天气温暖，母猪产后 2～3 天即可到舍外活动，这对恢复体力、促进消化和泌乳是有利的。有的母猪体况良好，其日粮水平不宜过高，避免乳汁分泌过多，仔猪不能全部吃完而导致乳房炎；有的母猪因妊娠期间营养不良，产后无奶或奶量不足，可以喂给小米粥、豆浆、胎衣汤、小鱼虾汤、煮海带肉汤等催奶。对于膘情好而奶量少的母猪，除喂催乳饲料外，应同时采用药物催奶（调节内分泌）。

　　为增强母猪的消化功能，改善乳质，预防仔猪下痢，每天喂给产后母猪小苏打25克，分2～3次投入饮水中。对粪便干硬或有便秘倾向的母猪，要多饮水，并适当喂些人工盐。

　　产房保持温暖、干燥、空气新鲜，最好2～3天喷雾消毒一次（选用对猪无害的过氧乙酸、来苏儿、百毒杀等）。产房小气候条件恶劣，产栏不卫生，可能造成母猪产后感染，表现恶露多、发热、拒食、无奶。如不及时治疗，仔猪常于数日内全窝饿死。对产后感染的母猪及时治疗，同时改善饲养管理条件。给母猪注射青霉素、链霉素、安痛定，必要时配合用2‰～3‰温热精制食盐水冲洗子宫。

33 为什么母猪产后喂些麸皮盐水汤好？

　　麸皮内含有较多的粗蛋白和矿物质，赖氨酸的含量也丰富，有轻泻作用，可疏通母猪肠胃。在母猪产前、产后喂些麸皮盐水汤（一般比例为10‰～25‰），可防母猪便秘和乳汁过浓。将麸皮炒一下，然后用温热盐水冲制成汤，通过其散发出的香味，可提高母猪的食欲。

34 对产后母猪要监视哪些临床表现？

　　产仔后的3～5天内，是母猪最脆弱的时期，应密切观察下列情况：

　　（1）胎衣是否及时排出，有无胎衣滞留情况。

　　（2）体温监测。正常产仔母猪体温略偏高，但不应超出生理范围，否则形成产后高热。

　　（3）食欲变化。正常情况下产仔后1～4小时可恢复食欲，之后食欲逐步提高。患病母猪食欲不能恢复，或恢复之后又锐减，甚至废绝，这种情况往往伴有体温异常升高，形成产后不食症。

　　（4）乳汁分泌是否正常，有无乳房炎、乳房肿胀和产后泌乳障碍综合征的表现。母猪有无拒绝哺乳和攻击仔猪的现象，有无食仔癖。

（5）恶露的排出是否正常。恶露是产仔期子宫的排泄物，它的正常排泄具有净化子宫的重要作用。在正常情况下，恶露最初为暗红色黏液状，后逐步变得稀薄清亮，在产后3天内基本排完。在子宫弛缓时，恶露的排出期后延，出现恶露不止的症状，或恶露滞留，发展为子宫积液。患子宫内膜炎时，恶露的数量增加，内有纤维素性或脓性分泌物。

35 母猪产后不吃食怎么办？

母猪体瘦，体质较差，分娩时间过长、产仔数过多、产前产后的腹压差过大等原因，可导致母猪体力消耗过大，产后无食欲，不愿吃食，影响了母猪体力的恢复，从而对泌乳产生不良影响。另外，产后喂凉水、产后低烧等也会引起不食。对于产后不食，一方面，要加强产后的护理，随时注意母猪的行为变化；另一方面，要及时采取措施，促其尽早吃食，加快体力的恢复。具体做法有：

（1）通过麸皮盐水汤所散发出的香味，提高母猪食欲，使其自愿采食。

（2）通过灌服的办法，使其获得一定的食物。

（3）使用青绿饲料。

（4）对一些体质特别差的猪，可考虑采用耳静脉注射葡萄糖加葡萄糖酸钙，或使用复方氯化钠加葡萄糖溶液加维生素C大量输液的办法。另外，中药十全大补汤灌服也是一种可行的办法。

36 母猪拒绝哺乳怎么办？

母猪产后拒绝仔猪吃奶，主要见于以下几种情况：

（1）初产母猪无哺育仔猪经验，头一次给仔猪吃奶感到紧张和恐惧，或经不起仔猪纠缠，从而拒绝哺乳。遇到这种情况，可驱使母猪躺下时慢慢拱其肚皮（以防乳头压在肚子下面），看住仔猪吃奶，不让仔猪争夺奶头，保持安静，只要仔猪能吃上几次奶就行了。如果实在不行，就只好把母猪捆起来，采取强制哺乳的办法，以后母猪就习惯了。另外，对初产母猪，最好在妊娠期间，经常给它按摩乳房，挠肚皮，产后就会习惯于哺育。

（2）母猪产后无奶，仔猪总是缠着母猪来回拱啃奶头，使母猪感到烦躁不安，不愿让仔猪吃奶，有时甚至把奶头压在身子底下或驱赶仔猪。解决的办法是给母猪加喂催乳饮料，增强母猪泌乳机能。

（3）母猪患乳房炎时，乳房肿胀，仔猪吮乳会引起疼痛。解决的办法是及时治疗乳房炎。

（4）母猪乳头有伤。由于仔猪犬齿尖锐，吮奶时将乳头咬破，引起疼痛，母猪拒绝仔猪吃奶。解决办法是用钳子剪掉仔猪尖锐的犬牙，并及时治疗咬伤乳头，以防感染。

37 母猪无奶、奶水不足怎么办？

在母猪哺乳期可能发生无奶或奶水不足的现象，尤以初产母猪为多。造成这种现象的原因有：妊娠母猪饲养不当，营养不良；配种过早，母猪乳房发育不全；母猪年老体衰，生理机能衰退；促进泌乳的激素分泌失调；伴发其他疾病。

母猪无奶或奶水不足，叫"缺奶症"。其症状是乳房松弛，体积缩小，挤不出奶汁或奶汁不多。对这样的母猪要进行人工催奶。

（1）加强饲养管理。首先，必须做好母猪妊娠期的饲养管理工作，提供充足全价的平衡日粮，避免母猪出现营养不良现象，特别是对初产母猪，要考虑到其本身生长发育的营养需要。同时要做到适龄配种，及时淘汰老龄母猪，做好产圈的消毒和接产的护理工作。对于消瘦、乳房干瘪的母猪，可以喂给催乳饲料，如豆浆、小米粥、麸皮汤、熟胎衣汤，有条件的地方还可喂给小鱼、小虾或螺蛳汤。因母猪肥胖无奶，可减少饲料喂量，适当加强运动。气温高于30℃的炎热天气，用凉水淋母猪颈部和肩部。母猪吃食多、产奶多，从而可提高仔猪断奶时10%的体重。

（2）可用中药催乳。方一：木通30克、茴香30克，加水煎煮，拌少量稀粥，分2次喂给。方二：王不留行9克、通草9克、益母草24克、加水煎煮掺入饲料喂给。方三：王不留行35克、通草 20 克、白术 30 克、白芍 20 克、黄芪 30 克、当归 20 克、党参 30 克，用水煎，加红糖灌服。

（3）药物治疗。对于母猪产后感染，可注射青霉素、链霉素治疗，对围产期的母猪可适当进行药物保健。

38 什么原因造成母猪压死仔猪？

母猪压死仔猪的主要原因是：母猪产仔后身体虚弱，或体形较大、行动不便；初产母猪没经验或护仔性不强；母猪身体过肥，行动笨重，腹大下垂；栏内无防压设备或垫草太长；老母猪年老耳聋，行动迟钝，躺下时易压住仔猪；母猪护仔性强，生人在栏旁惊扰引起不安，在栏内乱动，起卧不安，使仔猪遭到踩压；天气寒冷，仔猪出生后受冻行动不便而受到踩压；夏季因气温较高，母猪自身运动减少；压死仔猪的概率增加。

预防方法：①建立产房，安装母猪产仔笼。②栏内设置护仔间和防压保护架。③产后一周内指定专人看守。④栏内看守时间不能过长，栏舍保持安静，严寒季节，注意做好仔猪的保暖工作。

39 母猪为什么吃仔猪？怎样预防？

一般母猪吃仔猪的情况是不多见的，但饲养管理不当时也会发生。

（1）母猪分娩时，胎衣及死胎不及时清除，被母猪吃掉；产仔过程中受到惊吓，甚至口渴等原因，都易导致母猪发生吃仔现象。

（2）有的母猪，特别是初产母猪在分娩时易因精神过度紧张而咬食仔猪。

（3）其他窝仔猪钻进猪栏或寄养仔猪被咬时，母猪牙齿沾上仔猪的血液，已尝到仔猪的味道，虽然当时未吃掉，以后也会养成吃仔猪的恶习。

（4）分娩时护理不当，饲养人员对护仔性过强的母猪强制护理或仔猪初生后乳齿过硬，吸吮时咬伤乳头等。

（5）因个体差异，有的母猪母性不强或有吃仔恶癖。

（6）饲料营养不全，尤其是极度缺乏矿物质和维生素时，母猪产生一种馋吃的生理要求。

要纠正母猪吃仔猪的恶癖是不易的，应以预防为主，方法有：

（1）及时清除胎衣和死胎。母猪产仔后的胎衣、死胎要立即清除出圈，以防止母猪养成吃仔的习惯。产前让母猪喝足水，在分娩过程中，如果发现其感到口渴，应给予温热的加盐麸皮水。保持产圈环境的安静，避免母猪受到惊吓干扰。认真做好分娩母猪的接产工作。

（2）加强妊娠和哺乳母猪的饲养管理。在配制母猪的饲粮时，必须注意补充蛋白质、矿物质、维生素，充分满足母猪的营养需求。

（3）淘汰吃仔猪的母猪。有吃仔猪恶癖的母猪，最好淘汰；如不能及时淘汰，必须给它带上铁鼻环。铁鼻环的大小以能张嘴吃食但不能吃仔猪为宜。最好是将其仔猪并入母猪母性好的仔猪群中去。

（4）暗地监护。对护仔性过强或产仔时精神过度紧张的母猪不宜人工直接监护，但必须注意防止母猪吃仔猪，方法是暗地监护。一旦发现母猪吃仔猪，应立即抢救。给这种猪注射或口服镇静剂也有一定效果。

40 产褥期母猪怎样管理？

（1）产仔结束、胎衣排出之后立即冲洗子宫。用蒸馏水6 000毫升加适量的碘伏进行子宫冲洗，可加速分娩残留物的排出和子宫的复原，产褥期的疾病如产后高热、产后不食症、恶露不止、产后泌乳障碍综合征等可大为减少，提高了母猪在整个哺乳期的健康水平，且在断奶之后大多能正常发情。

（2）在产后1～2天内给母猪肌内注射催产素，每天1～2次，每次10～20单位。在恶露排泄不畅和乳房肿胀时，更应该使用催产素。

（3）母猪有食仔癖和单纯性拒绝哺乳时，在仔猪有饥饿感的时候，用保定绳将母猪侧卧固定后，进行强制哺乳。经过 1～2 天的强制哺乳，可以纠正母猪的不良行为。

（4）注意观察是否发生产后泌乳障碍综合征。注意观察母猪的体温变化、精神和食欲状态、泌乳和排粪情况；发生产后泌乳障碍综合征时应及时进行治疗。

（5）调整母猪的哺育头数。产仔结束后，根据母猪有效乳头的数目调整哺育头数，做到每个乳头一头仔猪，将本窝多余仔猪调出；本窝仔猪不足时，优先调入同期产仔的其他窝多余的仔猪；如果其他窝没有多余仔猪，可以把泌乳性能最差、产仔最少的母猪或准备淘汰的母猪提前转出产房，将其仔猪拆窝分配到其他窝，经过调整后仍然有多余乳头时，可以调入先期产仔的大龄仔猪。在产仔后 3～4 天内，通过仔猪吮乳的自然刺激，使母猪的各个乳头都得到充分发育，进入产乳状态，这对于初产母猪具有积极意义，也为今后泌乳力的提高奠定良好的基础。产后 3～4 天，根据母猪泌乳情况、仔猪存活状况和新的产仔母猪的产仔情况，再次调整母猪的哺育头数。对泌乳力差的母猪适当减少哺育头数以减轻其泌乳负担，也可利用多余出来的乳头调教少数仔猪吃两个乳头的奶。这种调整哺育头数的做法，可以充分发挥母猪的泌乳潜力，提高泌乳量和仔猪的哺育成绩。本项措施应与仔猪寄养和固定乳头的措施结合起来进行。

41 如何管理哺乳母猪？

加强哺乳母猪的管理，对提高仔猪的成活率和断奶窝重、维持母猪的适当膘情，为今后的繁殖打下坚实的基础有着重要意义。

（1）哺乳期内母猪的饲粮构成要相对稳定，不要骤然改变，避免乳汁成分变化太大。

（2）要保持圈舍环境安静、温暖舒适、阳光充足、空气新鲜。产后 3～5 天开始，在天气晴朗的情况下，让母猪带仔猪一起到户外适当运动。

（3）密切注意母猪乳房的状况，产后用 40℃ 的温水擦洗乳房，连续数天，对初产母猪效果更好。应及早训练仔猪养成固定乳头的习惯，经常检查母猪乳房、乳头，避免乳房损伤和乳房炎的发生。一旦发生，则要及时治疗。训练母猪养成两侧交替躺卧的习惯，便于仔猪吮乳。

（4）严防消化不良、便秘、腹泻、感冒等疾病的发生。母猪一旦发病，要及时诊治。否则，不但直接影响母猪的泌乳量而且乳的成分也会变化，易造成仔猪消化不良或下痢。哺乳期不应喂给发霉变质的饲料。对产后无奶或奶水不足的母猪，应迅速采取人工催乳等相应措施，提高母猪的泌乳能力。适时断奶，为下一次发情配种做好准备。

42 如何饲养哺乳母猪？给哺乳母猪喂什么样的饲料最好？

由于母猪在哺乳期间要分泌大量乳汁哺喂仔猪，所以，在饲养上，应注意多喂给母猪有利于泌乳的饲料。每天的饲喂次数应增加，每顿要少喂勤添，一般日喂 3～4 次，每次间隔时间要均匀，注意每次不能让猪吃得太多，以免引起消化不良。饲喂泌乳母猪不但要定时、定量，而且要求饲料多样化，以满足营养的需要。仔猪断奶前 3～5 天可逐渐减少母猪的精饲料和多汁料的喂量。

母猪在整个泌乳期泌乳 300 千克以上，因而要消耗大量蛋白质转化为乳，在泌乳最旺盛的产后 30 天内，尤其应给予大量蛋白质、矿物质和维生素饲料。泌乳期间应供给母猪充足的营养，使其转化为奶汁，以保证仔猪生长发育的需要。如果营养供应不足，乳汁量少、质量差，甚至要分解母猪本身组织来满足泌乳的需要，母体消瘦快，便会出现产后体弱甚至瘫痪。因此，哺乳期母猪饲料的使用，应以使母猪迅速恢复体况、提高泌乳量为目的。在精料的供应上，在产后一个月以内应增加供应，以保证恢复体况和泌乳的需要。其次，在蛋白质供应上，应保证饲料中粗蛋白质含量在 17%以上，且要注意品质，可选用豆饼等，必要时可适当使用动物性蛋白质饲料，如鱼粉等。另外，母猪对矿物质、维生素的需要量也较大，特别是钙、磷等与骨骼生长有关的矿物质元素一定要满足供应，否则可能导致泌乳后期瘫痪或骨折。还可考虑在饲料中适当增喂优质青绿饲料，具有一定的催乳作用。保证饮水的充足也很必要。

哺乳母猪一般采取两种饲养方式。一种是"前精后粗"的饲养方式，主要用于较瘦的经产母猪。哺乳期的前 1 个月为泌乳旺期，产后 21 天左右，泌乳量达到高峰。因此，在饲料营养上，既要保证母猪泌乳的需要，又要防止过度失重。另一种是"一贯加强"的饲养方式，这种方式主要用于初产母猪和在哺乳期发情配种的经产母猪，在哺乳的全期均保持较高的营养水平，以保证母猪维持和泌乳的需要。

43 哺乳全期母猪的采食量怎样调控好？

母猪从产仔至断奶，采食量的调控分为两头低、中间高的 3 个阶段。第一阶段为产褥期，为防止母猪发生消化不良和胃肠炎，实行限量饲养和饲料量逐步递增的办法，投料量在产仔后的 1 天之内为 1～1.5 千克，从产仔的第 2 天开始，每天增加 1 千克，产仔5～6 天之后自由采食；然后过渡到第二阶段泌乳盛期，此期应加大投料量，实行充分饲养，可日喂 7 千克；第三阶段为准备断奶期，大幅削减投料量。

44 母猪泌乳有哪些规律？

由于猪乳房结构上的特点，形成了明显的定期"放乳"——母猪独特的泌乳方式。

（1）泌乳行为。当仔猪饥饿需求母乳时，它们就会不停地用鼻子摩擦揉弄母猪的乳房，经过 2～5 分钟后，母猪开始频繁地发出一种有节奏的"吭、吭"声，这时，从乳头里很快地分泌出乳汁来，这就是通常所说的放乳。小猪立即停止摩擦乳房，轻轻叼住乳头并很快吸吮乳汁且不肯轻易放开。母猪每次放乳的持续期非常短，一昼夜放乳的次数随分娩后天数的增加而逐渐减少。产后最初几天内，放乳间隔时间约 1 小时，昼夜放乳次数为 24～25 次；产后 3 周左右，放乳间隔时间 1 小时以上，昼夜放乳次数为 20～22 次；产后 6～7 周时，放乳间隔时间约 2 小时，昼夜放乳次数为 10～12 次。每次放乳持续的时间，则在 3 周内从 20 秒逐渐减少为十几秒后保持基本恒定。

（2）乳汁成分。不论是初乳或常乳，其成分不是一成不变的，它随品种、日粮、胎次、母猪体况等因素有很大差异。初乳比常乳浓，干物质含量高，蛋白质含量高，尤以白蛋白和球蛋白（易被初生仔猪吸收）含量较高，蛋白质含量比常乳高 3.7 倍，而脂肪、乳糖及灰分则比常乳低。

（3）泌乳量。母猪的泌乳量依品种、窝仔数、母猪年龄、泌乳阶段、饲养等因素而变动，每昼夜产乳 3.5～10.5 千克，整个泌乳期的泌乳量在 300 千克以上。产后各时期的泌乳量也不同，通常以产后第 3 周最高，以后则逐渐下降。现以较高营养水平饲养的长白猪为例：60 天泌乳期内泌乳量约 600 千克，在此期间，产后 1～10 天平均日泌乳量为 8.5 千克，11～20 天为 12.5 千克，21～30 天为 14.5 千克（泌乳高峰期），31～40 天为 12.5 千克，41～50 天为 8 千克，51～60 天为 5 千克。

45 泌乳盛期的母猪如何饲养？

（1）饲料量。从产后第二周开始，母猪的采食量应当达到最高值。泌乳期的饲料量与所哺育的仔猪头数呈正相关，母猪本身维持需要的饲料量约为其体重的 1%，母猪摄入的其余饲料则用于哺育仔猪。仔猪每增重 1 千克，母猪需摄入消化能 33.48 兆焦，仔猪平均日增重以 0.2 千克计，每头仔猪每天增重所需的消化能折合每千克含消化能 13.38 兆焦的母猪饲料为 0.5 千克。如母猪体重为 180 千克，哺育仔猪 10 头，则该母猪每天的采食量应达到 6.8 千克。另一种计算方法是母猪每天自身需要饲料 2 千克，加上每哺育一头仔猪需饲料 0.5 千克，则哺育 10 头仔猪每天需要的饲料量为 7 千克，这是该母猪适宜的日采食量。

以上推算出泌乳盛期母猪的日采食量在生产中具有实际指导意义。哺育仔猪头数很少的母猪如摄入过多的饲料，将造成母猪的过度肥胖和饲料的浪费；母猪达不到适宜采食量会影响仔猪增重，同时使母猪在哺乳期失重过多，不利于母猪断奶后的顺利发情和配种。

（2）泌乳盛期充分饲养的保证措施。在日投料量超过7千克时，母猪往往吃不完而造成采食量不足；在夏季，尤其是集约化饲养的条件下，母猪的采食量可能普遍下降；同样的采食量，可能满足不了低胎龄母猪的营养需求。为保证泌乳期的充分饲养，应采取以下7项措施：

①猪舍保持合适的温度，防止产生热应激，产房的温度应保持在23℃左右，不要超过27℃；注意通风，保持空气的清新。

②投料量超过7千克时，应增加饲喂次数，可在夜间加喂一次。

③注意防治母猪便秘。

④保持饲料品质良好和稳定，避免使用干粉料而坚持使用湿拌料。

⑤夏天采食量下降时应调整饲料配方，可在饲料中增加蛋白饲料和添加脂肪，提高饲料的营养水平，以保证营养的足量摄入。

⑥青饲料的容积大而营养价值低，在泌乳盛期一般不用，只在母猪患病时适当使用。

⑦对于第一、第二胎的青年母猪，尤其是初产母猪，其自身应有更大幅度的增重而需要更多的营养，有必要为这部分母猪配制营养浓度更高的饲料。国外研究人员主张对母猪实行按胎次饲养，认为这是母猪营养学的重大进展。

（3）母猪饲养工作的检查。母猪如果饲喂过量，会出现消化不良性腹泻和食欲降低、泌乳减少等症状，应及时进行治疗。但在生产实践中，更多地存在着母猪在泌乳盛期饲喂不足的情况，这其中有认识上和管理上的原因。在两次喂料的间隙去巡视产房时，往往可发现一些母猪在人接近它时立即站起来对人哼叫，时而拱动食槽，有采食的表示；有时可发现仔猪寻找母猪乳头，发出饥饿哼叫，而母猪乳房干瘪，站立或伏卧不愿哺乳；有的母猪则在哺乳期过多掉膘失重。出现这些现象都表明母猪采食量明显不足，应予以纠正。生产中可根据猪的膘情挂牌饲喂，一般过肥者挂红牌，对于过瘦者挂黄牌，饲养员可根据牌子提示进行饲喂。

46 有哪些方法可以提高母猪的泌乳量？

（1）供给优质全价的饲料。

①满足泌乳母猪的营养需要量。母猪形成乳汁所需的营养物质是从饲料中获取的，必须有足够、优质、全价的饲料作后盾，才能保证母猪每天分泌量多质高的乳汁以及维持本身的正常体况，在哺乳期结束后能正常发情配种。所以，在母猪的1个繁殖周期内，泌乳阶段是消耗优质饲料最多的阶段。

②母猪泌乳期按胎次饲喂。虽然该措施是针对大型猪场的，但对我国目前的养猪业还是值得借鉴的。持此观点的科学工作者认为，目前多数初产母猪产仔后泌乳期所喂的日粮不适当，因通常这些日粮是为经产母猪设计的，初产母猪需要得到比经产母猪更多的营养才能满足自身生长发育需要和泌乳需要，而且还得贮备一些供下一胎繁殖活动需要。他们认为，如果经产母猪在泌乳期每天至少需要36克赖氨酸和63兆焦消化能的话，初产母猪在泌乳期则至少需要55克赖氨酸和67兆焦消化能（指大体型的外国猪种）。需要特别指出的是，初产母猪在第一个泌乳期内对蛋白质的摄入量比对能量的摄入量重要得多，只有提高氨基酸的供应量才有可能提高泌乳量，从而促使仔猪生长及提高母猪下一胎的繁殖率。有些研究结果表明，泌乳日粮配合不当，很可能是初产母猪泌乳量低及第二胎产仔数少的重要原因。

③添加油脂饲料。有些研究表明，在母猪预产期前10天及哺乳期的饲料中添加油脂（动物油脂或大豆油），每天添加200克，可提高泌乳量18%～28%，并可提高乳脂率。

④多喂青绿多汁饲料。块根、块茎及青草、青菜、树叶等，适

口性好，水分含量高，维生素丰富，如胡萝卜、南瓜、甜菜（捣细碎喂）。在泌乳母猪的饲料搭配中适当喂一些可提高泌乳量，但不要喂霉变腐烂的。对泌乳母猪实行高水平饲养，不限量饲喂或自由采食。

⑤供给足量清洁的饮水。母猪在哺乳期要分泌大量乳汁，除消耗大量养分外，还需要消耗大量水分。所以，要不断供给清洁的饮水。

（2）认真做好各项管理工作。对泌乳母猪来说，仅注意加强饲养、增加营养是不够的，如果管理工作跟不上，也会造成泌乳量下降。

①充分利用母猪的乳头。让仔猪占用母猪所有的乳头，对初产母猪尤为重要。如果母猪本胎产仔数不足以占用全部乳头，就要尽量做好并窝和寄养工作，或训练仔猪习惯于吸吮两个乳头。当母猪放乳时，把仔猪和它正吸吮的乳头分开，迅速地转换到邻近的空闲乳头上。如此反复进行3～4次，小猪就能自动从一个乳头换到另一个乳头上。所有的乳头都被占用，能促进乳腺迅速发育，并能保证下一胎泌乳旺盛。

②及时剪断小猪的犬齿。小猪出生后应及时剪断其犬齿，防止咬痛、咬伤母猪的乳头，造成母猪不安而拒绝哺乳。

③保持舒适安静的环境。泌乳母猪如果处在嘈杂的环境或舍内闷热潮湿，会表现烦躁不安，产后厌食、少食，以致放乳间隔延长，每次放乳持续期缩短。母猪正在放乳时如果舍内突然响起了嘈杂的声音（其他猪只争抢饲料、互相撕咬，或工作人员进行其他作业的响声等），正在喂奶的母猪会中止哺喂并站立起来，仔猪不能饱食也不安静，更促使母猪不能安静躺卧。粗暴地对待和殴打母猪，同样也能降低泌乳量。有人做过实验，母猪在一昼夜中，夜间的产乳量比白天多，从而证实了泌乳母猪需要安静。因此，母猪产房除彻底消毒保持清洁外，还需保持安静，这与舍内温度、舍内通风同样重要。

④做好乳房按摩与护理。按摩能促进乳房的发育，增加其生产

效能，并可预防乳腺炎。按摩时乳房的血流量增加，营养物质大量进入其组织，新陈代谢增强，平滑肌的紧张度和收缩机能增加，促使乳汁更容易排出。按摩可于母猪产前2周开始，直至产后哺乳期结束为止。按摩前先用温水（约40℃）洗净乳房并擦干，然后从上至下按摩乳房整个表面，再对每个乳房及乳头进行深层按摩，每天至少进行1次，每次约20分钟。在擦洗、按摩乳房的同时，注意检查乳房有无肿胀及皮肤有无损伤（擦伤、裂痕、结痂等），然后采取针对性的护理措施。

（3）加强无乳综合征的预防与治疗。如果认真执行上述饲养管理措施，并在母猪产仔前后适当采用药物预防和治疗，一般情况下，可避免无乳综合征的发生。

①药物预防。母猪临产前3天和产后3天，每天口服土霉素碱粉2～3克。母猪产仔过程中，用盐酸氯丙嗪按每千克体重1.5毫克肌内注射；青霉素160万单位、链霉素100万单位混合肌内注射；缩宫素30～40单位肌内注射（三种方案可综合使用或酌情选用），对本病有良好的预防作用。

②药物治疗。一旦发生了无乳症，应及时治疗。如喂给成药"妈妈多"10～12片，每天1次，连续喂2～3天，或服用中成药"下乳通泉散"2包（30克1包），每天2次，煎成汤掺入饲料内投喂，连续2～3天。

47 哪些因素影响母猪泌乳？

（1）饮水。母猪乳中含水量为81％～83％，因此每天需要较多的饮水。供水不足或不供水会影响猪的泌乳量，常使乳汁变浓，含脂量增多。

（2）饲料。由于泌乳母猪每天要从体内排出含有大量蛋白质、脂肪等营养物质的乳汁，需要喂给母猪营养价值完全的饲料。多喂些青绿多汁饲料，如南瓜、胡萝卜、牛皮菜等，有利于提高母猪的泌乳力。另外，饲喂次数、饲料调制对母猪的泌乳量也有影响。

（3）母猪的年龄与胎次。一般情况下，第1胎的泌乳量较低，因初产母猪的乳腺发育尚不完善。第2～3胎时泌乳力上升，第5～6胎后逐渐下降。

（4）个体大小。一般体重大的比体重小的母猪泌乳量要多。体重大的母猪失重较多，这是用于泌乳的需要。在同类型同体型的猪中，产仔多的比产仔少的泌乳力高。

（5）产仔数与哺乳仔猪数。母猪产仔数的多少与泌乳量也有密切关系。一般情况下，母猪产仔数多的其泌乳量也高。增加哺乳仔猪头数也能刺激母猪泌乳量的增加。

（6）分娩季节。春秋两季，天气温和凉爽，青绿饲料多，母猪食欲旺盛，其泌乳量也多；炎热潮湿或冬季严寒，母猪消耗体能多，泌乳量也少。

（7）母猪发情。母猪在泌乳期间发情，常影响泌乳的质量和数量，同时易引起仔猪白痢病。泌乳量较高的母猪，泌乳会抑制发情。

（8）品种。母猪品种不同，泌乳量各异。如大约克夏猪母猪28天平均泌乳量为250千克，而皮特兰猪母猪则只有190千克。皮特兰猪母猪泌乳性能之所以较差，可能是由于该品种向产肉力方向选择而造成的体质问题所致。一般来说，兰德瑞斯猪及其杂交母猪的泌乳力显著高于中型的约克夏和巴克夏及其杂种母猪。

（9）疾病。泌乳期母猪若患病，如感冒、乳房炎、胃肠炎、肺炎等疾病，可使泌乳量下降。

（10）管理。猪舍内清洁干燥、环境安静、空气新鲜、阳光充足等，有利于母猪的泌乳；反之，则会降低母猪的泌乳量。

48 即将断奶的母猪怎样饲养管理好？

对母猪在仔猪断奶的前1周进行健康检查和个体鉴定，决定个别母猪在断奶后淘汰，大多数母猪则着手进行断奶的准备。断奶前应当利用分娩栏的保定作用，对猪的外伤和肢蹄病进行积极有效的治疗，将耳号或耳标修剪补充完善。

可能有少数或个别母猪需要延长哺乳期，应继续充分饲养；其他母猪在断奶的前 2 天开始减料饲养，每天减少饲料量30％～40％，到断奶的当日，投料量为 1 千克左右。

断奶时对母猪的体膘进行评定，对母猪的产仔哺乳成绩以及本次繁殖周期的生产成绩进行总结。将准备淘汰的母猪转入淘汰猪舍，其他母猪转入配种猪舍。

五、哺乳仔猪培育技术

49 怎样护理新生仔猪？

护理好新生仔猪，使其尽快适应脱离母体后的新环境而减少死亡，可从"掏、断、擦、剪、烤、吃"六方面做起。

（1）掏，即掏出口鼻部的黏液。仔猪出生后应迅速握住仔猪的身躯，呈水平状或头稍低，用干净毛巾迅速掏出仔猪口腔内黏液，擦干口鼻部，以免黏液堵塞口鼻而使仔猪窒息死亡。擦拭黏液的毛巾或布应每头仔猪更换一次。

（2）断，断脐。将脐带理顺，若脐带未脱离母体，则两手慢慢将脐带从母体理出，千万不能生拉硬扯，以防母体大出血造成仔猪失血过多死亡。用手反复将脐带中的血液推向仔猪腹内，在距离仔猪腹部5厘米左右（约三指宽）处，用手指将断脐带，或将脐带卡住进行结扎，在结扎的外端2厘米处剪断或扭断脐带，断端用碘酒消毒。在操作中不要用力牵扯仔猪一端的脐带，防止仔猪脐带孔的软组织撕裂而发展为脐疝。

（3）擦，擦干体表。用干净的毛巾或布把初生仔猪身上的黏液尽快擦干净，也可用接生粉擦拭，既帮助干燥又预防腹泻，可促进血液循环，防止感冒，让其尽快适应新的环境。

（4）剪，剪牙、剪耳号。母猪分娩过半或分娩结束后由于乏力而比较安静，对仔猪逐一称重、剪牙、断尾和编号。剪牙是将仔猪的犬齿及第三对门切齿上下左右共8颗牙齿的上半部剪断，窝中弱小的仔猪可以不剪牙。

断尾，即剪掉尾巴的1/3。对于预留种猪的仔猪可以剪去1/2。断端最好用烧烙止血。剪牙和断尾不是接产的必要程序，但这两项工作一般在接产时完成。

为了观察仔猪的生长发育，便于识别仔猪，给仔猪编号，也就是剪耳号。一般种猪场使用普遍，育肥场一般打耳牌。剪耳号的方法很多，常用的是"左大右小，上1下3"的方法，即左耳上缘1个缺口为10，下缘1个缺口为30，耳尖缺口为200；右耳上缘1个缺口为1，下缘1个缺口为3，耳尖缺口为100。如果仔猪数量多，还可以在耳朵中间打洞，左耳洞为800，右耳洞为400。例如，358号应该左耳尖打一缺，右耳尖打一缺，左耳下打一缺，左耳上打两处缺，右耳下打两处缺，右耳上打两处缺（图2）。

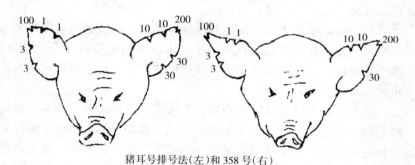

猪耳号排号法（左）和358号（右）

图2　耳号示例

（5）烤，进一步干燥体表。产房（舍）温度过低或在寒冷季节，仔猪出生后擦干身体上的黏液，放入保温箱或盒中，用红外线灯或电热板将其烤干。训练仔猪卧于灯下，以防被压死或冻僵。条件不够的猪场也可以用火炉或土暖气烘烤。

（6）吃，吃初乳。将体表干燥的仔猪放在母猪乳房下，帮助仔猪找到乳头以吸吮初乳。吃到初乳才能增加抵抗外界环境变化的能力。如果两小时内母猪尚未生产完，则用消毒药水把母猪乳房洗净，用手挤出一两滴初乳后，把仔猪提到母猪身旁，让仔猪尽早吃上初乳，这样对母猪有好处，可促进胎衣排出。先喂下侧的乳头，后喂上侧的乳头，因为先喂上侧乳头，仔猪便不吮下侧乳头的乳，会使许多仔猪发育不良。仔猪吮乳后，仍放回护仔箱内，直至母猪产完，才把仔猪放到母猪身旁。对个别不会吃初乳的仔猪，应给予帮助。

清除母猪排出的胎衣。正常情况下，仔猪全部产出后胎衣随即缓缓排出。有个别仔猪可能在胎衣的包裹中降生，或在大部分胎衣排出后降生，胎衣中还可能包裹着死胎或木乃伊胎。因此，要及时检查排出的胎衣，清理产仔床面，结束接产工作。

50 仔猪出生后为什么要剪掉犬牙？怎样操作？

仔猪的犬齿锐利，靠这些犬齿相互争斗夺得乳头，用犬齿相互殴斗而易咬伤面颊，一旦被细菌感染发炎，将影响其吃奶；争抢乳头时咬伤乳头和乳房，常导致乳腺炎发生，母猪疼痛不安，拒绝哺乳，严重影响仔猪的生长发育，或母猪经常起卧易踩伤仔猪。如乳腺炎治疗不及时，还会失去泌乳能力，降低母猪的种用价值。

剪牙的具体方法：用一只手的拇指和食指捏住仔猪上下颌之间（即两侧口角），使仔猪张口并露出犬齿，用犬齿剪或电工用的斜口钳分别剪去左右各两对犬齿。剪牙时注意不要压碎牙根，也不要拔出牙根，不要伤及牙龈和舌头，以防感染。剪下的齿粒不能让小猪吞掉。

51 怎样进行仔猪哺乳前免疫？

需要哺乳前免疫的仔猪在擦干体表黏液后立即注射疫苗，记下时间，按降生和注射疫苗的先后顺序用紫药水在仔猪身上做出标记，随后放入保温箱。过1～2小时进行剪牙、断尾、吃初乳。注射疫苗到吃初乳的时间间隔颇有讲究，间隔过短，免疫失败；间隔时间过长，仔猪不能及时获得初乳，低血糖症、仔猪黄痢、仔猪红痢等疾病的发生率上升。

52 "假死"的仔猪怎样救治？

母猪产仔时间过长，体力消耗过大，仔猪不能及时排出，造成仔猪在母猪体内过早断掉脐带，使其氧气供应受阻，产下时没有呼吸，只有微弱的心跳，这种现象叫做"假死"。出现分娩窒息时，应立即提起仔猪后腿，轻轻拍打仔猪，促使鼻腔、咽喉的羊水排出，掏净口腔的黏液和羊水后再进行人工呼吸。将仔猪横卧，用一只手托其肩部，另一只手托其臀部，然后一屈一伸反复进行，每分钟20～30次，直到仔猪叫出声音救活为止。或者同时用脱脂棉吸取酒精或0.5％氨水涂抹于仔猪口鼻处，刺激其呼吸。待仔猪张口呼吸或叫出声音后放在红外线灯下或火炉旁将身体烤干，再让其到母猪处吃乳。

53 哺乳仔猪有哪些生理特点？

哺乳仔猪的主要生理特点是生长发育快和生理上的不成熟性。具体表现在以下几个方面。

（1）消化机能不完善，消化器官不发达，但发育迅速。仔猪消化器官在胚胎期虽已形成，但结构和机能都不完善。随着仔猪的生长发育，其消化器官的发育及消化机能具有一系列明显的年龄特点。

出生1天的仔猪，胃重仅5克左右，能容纳乳汁40毫升左右；小肠重40～50克，长度3.5～4米，能容纳约100毫升的乳汁。10日龄的仔猪，胃重增长到15克左右，容积大约增至150毫升，小肠和大肠增大容积近一倍。

仔猪在哺乳期消化系统增长最迅速，到60日龄时胃重大约150克，容积可增至1 500～1 800毫升，为出生时的40倍左右。小肠长度约增长4倍，容积增大50～60倍。大肠长度增加4～5倍，容积增大40～50倍。

仔猪的消化器官除随日龄的增长而发育外，同时还受饲养与饲料的影响。哺乳前期，乳汁能引起胃和小肠的强烈活动，而对大肠则没有大的刺激；哺乳后期由于逐渐增加了饲料，特别是在断乳后，由于日粮中粗饲料的增加，可促进消化器官的发育，尤其是大肠和胃的重量及容积大大增加。

　　仔猪胃液中的消化酶主要有凝乳酶和胃蛋白酶，仔猪出生后开始哺乳时，凝乳酶就起作用了。初生仔猪由于胃腺尚未形成，不能分泌盐酸，所以不能激活已存在的少量胃蛋白酶原，致使胃蛋白酶只具有潜在的消化力。20日龄前的仔猪靠胃的其他酸类（如乳酸等）及小肠内的胰液和肠液来消化乳汁及其他食物。据报道，在仔猪出生时，胰蛋白酶对乳汁即有较高的消化能力。在早期断奶仔猪的前期（3周龄前后）日粮中，除应添加淀粉酶及胃蛋白酶外，还应适当添加有机酸或稀盐酸。只有当仔猪达到40～45日龄时，胃才具有消化蛋白质的功能。实践证明，早期给仔猪补饲，可直接刺激胃壁分泌盐酸，缩短胃机能不完全期，从而提高仔猪的消化力，增强抗病力。

　　初生仔猪肠液中乳糖酶和淀粉酶的活性也很高。乳糖酶的活性从2周龄后迅速下降，7～8日龄时几乎不存在了。蔗糖酶和麦芽糖酶出生时活性很低，因此，仔猪10日龄内难以利用蔗糖。

　　仔猪消化酶的活性变化，可以作为配制仔猪日粮的依据。10日龄之内的仔猪只能消化猪乳、牛乳、羊乳等乳制品，对谷类饲料消化率则很低。1月龄的仔猪对以谷类饲料为主的日粮中蛋白质的消化率仅达75%左右。配制仔猪饲料时，在原料的选择上要考虑其生理特点。对2周龄内的仔猪，其诱食料无需太复杂，无需多加诸如豆饼、鱼粉、蔗糖等。因为一是此时仔猪的采食量极少（1～2周龄平均日采食诱食料量仅4克左右），二是这些饲料也不能被幼龄仔猪消化吸收。如有条件，可加些乳副产品（如乳清粉等），或者不妨只以炒熟的玉米、高粱、大豆作为诱食料即可，当然最好是磨成粉，制成颗粒饲料。3周龄以后的饲料就要考虑营养全面、适口性和消化率等因素了（早期断奶仔猪饲料中要补充酶制剂等）。仔猪断奶日龄越小，对饲料品质的要求就越高。

　　初生仔猪胃机能不够完善。一般在20日龄以前，胃液中缺乏游离盐酸，即使到20日龄以后，胃液中游离盐酸的浓度也很低，抑菌和杀菌的作用较弱。因此，仔猪在哺乳期应特别注意饲料、饮水、饲槽、猪舍等的清洁卫生，以减少病菌侵入，防止疾病发生。

（2）调节体温的机能不健全，对寒冷的抵抗力差。初生仔猪的大脑皮层发育不全，适应环境、调节体温的能力差，体内能量储备不多及能量代谢的激素调节功能不全，对环境温度下降极敏感。又因新生仔猪体型小，单位体重的体表面积相对较大，且又缺少浓密的被毛以及皮下脂肪不发达，故处于低温环境中体温散失较快而恢复较慢。出生时体重越小，体质越弱，抗寒力越差。这时如猪舍温度过低，或者护理不当，则易被冻死。故早春和冬季产仔时，应做好猪舍的防寒保暖和初生仔猪的护理工作。

初生仔猪在产后 6 小时内最适宜的温度为 35℃左右，2 日内为 32～34℃，7 日龄后可从 30℃逐渐降至 25℃。如果把仔猪置于低温环境中，尽管它靠加强代谢和肌肉的震颤来增加体温，但体温还是很快就会降低。受到寒冷刺激的仔猪本能地采取蜷缩身体的姿势来减少体表面积以减少散热，或一窝仔猪互相挤在一起取暖。如果把仔猪放在温度呈梯度变化的猪舍中，它们会找到最合适的温度区并留在该区。在实践中，可以看到仔猪往往聚集在产房的取暖灯下。仔猪出生后，如果猪舍内持续低温，则会对它们产生明显的不良影响，比如哺乳期生长强度减弱，严重时会发生低血糖病，腹泻、下痢，甚至引起死亡。

在仔猪哺乳期内，与体温调节有关的体组织的变化，最突出的是体内脂肪剧增。出生时体脂仅占 1％～2％且多为结缔组织，1 周龄时体脂猛增至 10％左右，2 周龄时为 15％，4 周龄时增至 18％左右。由于皮下脂肪层的加厚，以及化学调控体温机能的建立，仔猪逐渐能适应较低的温度。

（3）缺乏先天免疫力，容易得病。猪的免疫抗体是一种大分子的球蛋白物质，不能通过母体血管直接输送给胎儿，所以初生仔猪没有先天的免疫能力，容易受到外界细菌、病毒的侵袭而生病。但当初生仔猪吃到初乳后，就可获得母体的免疫抗体，而且不经转化即能直接被吸收到血液中，使仔猪血清中免疫球蛋白水平很快提高，免疫力迅速增强。因此，出生后的仔猪吃足初乳，是防止仔猪患病、提高成活率的关键之一。仔猪从 10 日龄开始自身产生抗体，但在 30～35 日龄以前数量还很少。因此，2 周龄左右是免疫球蛋白青黄不接的阶段，仔猪易患下痢。同时，仔猪已经开始吃食，胃液尚缺乏游离的盐酸，对随饲料、饮水进入胃内的病原微生物缺乏抑制作用，从而导致仔猪多病。

（4）生长发育快，物质代谢旺盛。仔猪初生时体重一般为 1～1.5 千克，经过两个月的科学饲养，体重可达 15～20 千克，增加 10 倍以上。如此强大的生长能力是其他家畜所没有的。仔猪的增重速度，首先决定于初生个体重的大小。一般情况下，初生体重小的仔猪到 4 周龄或 8 周龄时体重也小。同窝猪中最轻的和最重的始终相差 50% 左右。初生体重大的仔猪健壮，死亡率低，易于护理，因此有必要采取措施提高仔猪初生重。

仔猪哺乳阶段的生长速度快慢决定于母猪的泌乳力高低及窝数的多少，仔猪断奶后至体重 20 千克的生长速度则取决于开食料的好坏及开始诱食日龄的早晚。母猪的日泌乳量自产后 3～4 周达高峰后就逐渐下降，加之随着仔猪的迅速生长，每天的吮乳量也迅速增加，只靠母乳喂养仔猪是远远不能满足需要的。为解决这一对矛盾，不论是否实行仔猪早期断乳，必须及早训练仔猪采食饲料，以保证在母猪泌乳量降低后不至于影响仔猪正常的生长发育速度。

54 仔猪饲养有哪几个关键时期？

养好仔猪的关键时期：一是出生时的护理；二是出生后 7 天内的饲养管理；三是出生后 20 天左右的饲养管理；四是断奶时的饲养管理；五是断奶后的饲养管理。

55 有哪些主要措施能养好仔猪？

要养好仔猪，必须做好抓"三食"（乳食、开食、旺食）和过"三关"（出生关、补料关、断乳关）这两项主要措施。另外，4～5 日龄调教补水关也很重要。

"乳食"就是抓好仔猪哺乳，尤其是要吃到初乳，为达到此目的，必须按猪的饲养标准饲养好哺乳母猪；"开食"就是训练仔猪提早吃料，仔猪吃料越早，对以后的生长发育越有利；"旺食"就是仔猪的生长发育主要靠饲料，而此时的哺乳只起辅助作用。

"出生关"即做好仔猪的接产；"补料关"即抓好仔猪的开食和旺食；"断乳关"即从饲养管理到环境条件方面，为仔猪创造优越的生长发育条件，减少仔猪的断乳应激，增加成活率。

56 有哪些原因造成新生仔猪死亡？

（1）母猪的挤压和蹄踩造成仔猪死亡。造成初生仔猪被踩压的主要原因有以下几点：一是母猪产仔后身体虚弱，或体型较大、行动不便；二是有的头胎母猪产仔时呈神经质，起卧不安，使仔猪遭到踩踏；三是母猪产仔时产圈未设护仔栏，加上母猪母性不好，造成仔猪死亡；四是由于天气寒冷加上产仔舍室温低，仔猪生后受冻行动不便而受到踩压；五是母猪产仔日期计算错误，又无人值班看守，仔猪生后无人看护，造成死亡；六是仔猪生后未剪犬牙，在争抢母猪乳头时，咬伤乳头致使母猪疼痛而起卧频繁，使仔猪受到踩压；七是因夏季天气炎热，母猪行动不便所致。

（2）下痢和腹泻造成仔猪死亡。仔猪下痢一般分为哺乳时的黄痢、红痢和白痢，断奶后则可能发生腹泻。黄痢一般发生在产后3天内，由溶血性大肠杆菌引起，死亡率高；红痢一般发生在产后1周内，由韦氏梭菌引起，死亡率高；白痢一般发生于产后10天左右，由大肠杆菌引起，死亡率低于红痢和黄痢。仔猪腹泻主要是开食和换料引起的，如果加强饲养管理是可以避免的。

（3）营养不良造成仔猪死亡。

①仔猪出生后未能吃到初乳，得不到母源性抗体，使仔猪发病死亡。

②由于一窝仔猪较多、强弱不匀、互争乳头，体弱者吃不到奶而饿死。

③缺乏某些营养素，如仔猪生后7天左右缺铁，造成缺铁性贫血而死亡。

（4）发生疾病造成仔猪死亡。仔猪出生后易发生红痢、黄痢、白痢，吃料后易发生消化不良，造成腹泻；在传染病多发季节易感染猪瘟、副伤寒等传染病而使仔猪死亡。

（5）其他死亡原因。仔猪转群、合群造成的意外伤亡；仔猪在阉割时，由于手术不当或伤口感染而患破伤风等病造成死亡；仔猪吃了有害物质，造成各种中毒而死亡等。

57 哪些预防措施可以提高新生仔猪存活率？

（1）提高仔猪初生重。

①提高仔猪初生重的意义。提高仔猪的初生重，不但能大大提高仔猪的成活率，而且还能提高仔猪断奶体重和育成率，并有利于以后的育肥。

a. 仔猪初生重与育成率的关系。据报道，仔猪初生重在1.3千克以上者，其育成率在96%左右，而体重在1.2千克左右的仔猪，其育成率在90%左右。仔猪初生体重越低，断奶育成率越低。还有的资料报道，仔猪初生重在1千克以下，断奶育成率仅有70%左右；而初生重在1千克以上，育成率可达90%左右。可见，提高仔猪初生重，是增加存活仔猪数量的重要措施之一。

b. 仔猪初生重与断奶重的关系。凡是仔猪初生重大的，一般来说断奶重也大，初生重低50%的，断奶重低16.62%。

c. 仔猪初生重与育肥的关系。据统计，仔猪初生重对育肥猪的增重有很大影响。俗话说，"初生差1两，断奶差1斤，出栏差10斤。"

②提高仔猪初生重的方法。仔猪初生重与其品种类型、选种选配和妊娠母猪的饲养有直接关系。

a. 选用引入品种和体型大的种猪繁殖可提高仔猪初生重。在同一品种内交配时，引入品种比地方品种猪产仔体重大，这主要是引入品种猪的父母体型比地方品种猪大，如引入的大白猪所产仔猪比金华猪所产仔猪大。在同一品种内，要选个体较大的公、母猪交配。俗话说，"母大仔肥。"

b. 杂交可提高仔猪初生重。实践证明，不同品种或品系的猪进行杂交，可以提高仔猪的初生重。如以大约克夏猪配大约克夏猪纯种繁殖，所得仔猪初生重为 100%，则苏×约二元杂种猪为 105.1%，苏×长×梅三元杂种猪为 104.1%，杂种猪初生重分别比纯种猪提高 5.1 个百分点和 4.1 个百分点。

c. 加强妊娠母猪后期的饲养可以提高仔猪初生重。母猪产前 20～30 天称为妊娠后期。加强妊娠后期的饲养是得到初生体重大、健壮活泼仔猪及减少弱胎、死胎的重要环节，这主要是因为仔猪初生重的 70% 是在妊娠后期生长的。母猪妊娠后期，胎儿生长发育快，必须供给营养较全的饲料，特别是供给蛋白质、无机盐、维生素含量较高的饲料。若蛋白质缺乏，会影响仔猪的初生重和母猪产后的泌乳量；若无机盐缺乏，就会造成仔猪初生体重低和软弱。因此，在母猪妊娠后期的饲养中，要适当加喂高蛋白饲料，如鱼粉、豆饼（粕）之类的饲料及含高蛋白的青绿多汁饲料。有条件的猪场可在妊娠母猪日粮中加入 10%～15% 的高蛋白饲料，无条件的猪场应创造条件尽量多加高蛋白饲料。无机盐饲料主要是磷和钙，日粮中可加入 0.7%～2% 的骨粉，若无骨粉可适当加入贝壳粉（牡蛎粉）或碳酸钙等，同时加入适量的麸皮，保证钙磷平衡。另外，还需注意食盐的供应。

（2）降低分娩仔猪的死亡率。通常母猪产仔数中的"死产"数包含两部分：一部分（占 10%～30%）是因感染疾病或某些营养元素不足使胚胎发育中止，在母体子宫内死亡；另一部分（占 70%～90%）是在分娩过程中死亡的，主要是窒息而死。窒息的原因是由于子宫过度收缩，脐带血管破裂或胎盘提前脱离，而使流往胎盘的血液减少，再加上产程过长（产仔过程的末期），后出生的仔猪较易缺氧。仔猪的分娩死亡率随母猪年龄增长而上升，因年龄大的母猪子宫紧张度下降，致使分娩持续期加长。

降低分娩时仔猪的死亡率，可采取以下措施：一是淘汰老龄母猪，定期更新母猪群；二是注射垂体后叶素（催产素）或毛果芸香碱、新斯的明等，可促进子宫收缩，缩短分娩时间；三是对刚出生即发生窒息的仔猪，迅速擦净鼻、口中的黏液，立即进行人工呼吸。

58 **初生仔猪适宜的温度是多少？怎样保温？**

母猪在冬季或早春气温低的时候产仔，仔猪在保育补饲期间必须做好保温工作，给仔猪创造一个适宜的生活环境，仔猪的适宜温度为：生后1～3日龄30～32℃，4～7日龄28～30℃，15～30日龄22～25℃，2～3月龄22℃；母猪的适宜温度为18℃，产房温度不能低于18℃，最佳温度为18～22℃。温差超过10℃，仔猪容易感冒。

保温的措施是单独为仔猪创造温暖的小环境，最好的办法是在产栏内设置仔猪保温箱，内吊挂1只250瓦的红外线灯泡，仔猪箱留有仔猪自由出入孔，或在仔猪箱内铺一块保温板（电热板）。在无电源或为降低耗电支出时，亦可采用木板上铺草袋子或麻袋片，再扣上一个玻璃钢罩（罩侧面留有仔猪自由出入孔帘，罩上面有可开与闭的盖子），利用仔猪体温造成一个温暖的小环境。如果没有条件，还可在仔猪保温箱内吊挂一个干草把，让仔猪钻在其中保暖。

59 **为什么要让初生仔猪吃足初乳？**

初乳一般指母猪产后24～48小时或3天内所分泌的乳汁。仔猪排出后，脐带断裂。由于子宫温度与环境温度的变化刺激，从而反射性刺激胎儿的心跳及呼吸作用加强，以适应新的环境。胎儿出生后肌糖原及肝糖原储备仅够仔猪几小时的营养需要，因此，仔猪生出后擦干被毛，剪断脐带后应立即哺乳。生一个，哺乳一个，待母猪分娩结束时，全窝仔猪都已吃过足够的初乳，可使母猪和仔猪安静休息，能防止仔猪咬脐带。

初乳的干物质含量比常乳高1.5倍，蛋白质含量比常乳高3.7倍，初乳中还含有大量的维生素，为仔猪提供了丰富的营养；初乳中含有大量的抗体球蛋白，为仔猪提供了可贵的母源抗体，使仔猪具有获得性被动免疫力；初乳中还含有镁盐，具有轻泻作用，可促进胎粪的排泄。

免疫抗体是一种大分子的 γ-球蛋白，由于猪的胚胎构造复杂，限制了母猪抗体通过血液传给胎儿，因此，仔猪出生后缺乏先天的免疫力，只有吃到初乳后，才能从初乳中得到母源抗体。

初乳的品质随着时间的推移而下降。产仔 4～6 小时之后，初乳中免疫球蛋白的含量就开始很快下降；产仔 12 小时之后，初乳中免疫球蛋白的含量明显降低。母猪前面乳头分泌的初乳量多，前面 3 对乳头的泌乳量是后面 4 对乳头的 2 倍。母猪乳汁的分泌方式是在分娩时呈连续分泌状态，而后泌乳的时间间隔逐步延长。在初乳中含有抗蛋白分解酶，可保护免疫球蛋白在仔猪胃肠道内不被分解，加上新生仔猪消化道特殊的吸收功能，在仔猪出生后 24～36 小时内，初乳中的免疫球蛋白可被小肠直接吸收；而后初乳汁中的抗蛋白分解酶以及仔猪直接吸收免疫球蛋白的能力都消失，仔猪从初乳中获取免疫球蛋白的过程即告结束。

因此，初乳不仅是营养的补充，更重要的是含有大量仔猪肠壁可吸收的免疫球蛋白，使仔猪获取被动免疫保护的抗体，这对于保证仔猪的健康及提高成活率极为重要。

60 为什么要给仔猪固定奶头？怎样训练？

仔猪出生后会自动寻找奶头，较强壮的仔猪很快就能找到奶头，而较弱的仔猪则迟迟找不到奶头。前两天是找奶头、抢奶头、固定奶头，建立并稳定母仔之间、同窝仔猪之间关系的阶段，当仔猪一旦认定了它占有的奶头后，整个哺乳期就很难改变了。往往是体格健壮的仔猪争占泌乳量大的奶头，有时抢占两个以上奶头，而弱小的仔猪往往因在几次吃奶时，别的仔猪抢吃属于它的奶头，它只守在一旁又不愿吸吮其他奶头，吃不到乳汁逐渐衰弱甚至饿死。为提高仔猪成活率，绝不能轻视人工辅助固定奶头这一措施。

一头具有 6 对乳头的哺乳母猪，在产仔后 10 天内第 1 对奶头的产奶量为 4 791 克，第 6 对奶头只有 2 707 克，如以第 1 对乳头的产奶量为 100％，则第 2～6 对奶头依次为 79.8％、75.5％、72.1％、56.7％和 56.6％。因此，如果让仔猪自由固定奶头，则弱小的仔猪只能吃后边乳量少的奶头，甚至抢不到奶头，这样，到断奶时体重差别就会相当悬殊。

母猪每次放乳时间只有 10～20 秒，如果仔猪吃奶不固定奶头，则会发生强夺掠食，干扰母猪泌乳，仔猪发育不齐，死亡率高。利用仔猪选择并抢占奶头的行为，按照仔猪的体质强弱和大小，加以人为调整，应使弱小的仔猪吸吮中部和前部奶头，强壮的仔猪吸吮后部奶头。奶头的产乳量与仔猪吸奶的能力有密切关系。健壮的仔猪能从泌乳较差的奶头中吸食到充足的乳汁，而弱小的仔猪利用泌乳多的奶头也能很快健壮起来。经过人为地、有目的地辅助仔猪固定奶头，可使全窝仔猪到断奶时生长较均匀。奶头一旦固定下来以后，一般到断奶都不会更换。固定奶头的方法如下：

（1）完全人工固定奶头。从仔猪出生后第一次吮乳就开始人工固定。用橡皮膏贴在仔猪身上，写上它所固定的奶头顺号，仔猪吮奶时人为控制，不允许串位，并把多余的奶头用胶布贴住、封严，仔猪会很快按固定奶头吃奶，不抢奶。这种方法效果好，但比较费事。

在固定奶头时，最好先固定下边一排的奶头，然后再固定上边的奶头。在奶头尚未固定前让母猪朝一个方向躺卧，以利于仔猪识别属于自己的奶头。给仔猪固定奶头，特别是开始阶段，一定要细心照顾，经过 2～3 天训练就可以达到固定的目的。

（2）人工辅助固定奶头。当仔猪个体差异不大，有效奶头足够时，生后 2～3 天绝大多数能自行固定奶头，不必干涉。如果个体差异大，应把个体小的仔猪放在前 3 对奶头吮乳，因为前面的奶头泌乳量大。方法是把母猪后躯垫高些，使前躯低些，因为初生仔猪有"向高性"，这样体大的仔猪先去占领后躯的几对奶头，人工辅助个体小的仔猪在前几对奶头吮乳。这样，2 天后就能固定好。这种方法的优点是比较省事，易办到。缺点是个体大、强壮的仔猪往往还会抢占奶头。

61 如何进行仔猪并窝与寄养？

仔猪出生后，如碰到母猪死亡、一窝产仔较多、母猪奶头不够、母猪患乳房炎、母猪缺乳和不给仔猪哺乳等情况，可以把仔猪放到生产日期相近、产仔少的母猪处寄养。所谓并窝是指将两三窝较少的仔猪合并起来，由泌乳性能较好的一头母猪哺养。寄养则是将一头或数头母猪的多余仔猪由另外一头母猪哺养，或将一窝仔猪分别给另外几头母猪哺养。用这两个办法来调剂母猪的带仔数，充分利用母猪的乳头，避免或减少仔猪的损失。实行并窝以后，停止哺乳的母猪即可发情配种，进入下一个繁殖周期。其原则和做法如下：

（1）寄养前，应保证仔猪从母猪身上获得初乳的时间有 1 小时以上。

（2）仔猪一定获得足够的初乳。

（3）寄养应建立在有利于同窝仔猪较弱者的基础上。为了给弱仔猪提供生存机会，最好将同窝仔猪的弱、强者分开寄养。

（4）必须考虑母猪的寄养能力。这种能力决定于母猪的功能奶头数和母猪处于喂奶位置时能暴露给仔猪的奶头数。

（5）如果仔猪数较多，最好在出生时就进行交叉寄养，使同窝仔猪的出生体重相差不大。此时，应保证弱小仔猪位于恰当的吸奶高度。

（6）一胎猪的出生时间可能相差 12 小时以上。因此，应在观察吮乳行为的基础上选择寄养对象，无固定奶头的仔猪，就是最恰当的候选者。

（7）在一胎多产或母猪无奶的情况下，解决多余新生仔猪寄养的最好方法是把最大的新生仔猪交给在一周前产仔、多奶的温驯母猪寄养，而该母猪的一周龄仔猪可交给另一头（其仔猪已按期断奶）多奶、温驯的母猪寄养。

（8）把同窝仔猪中由于营养不良（非疾病）造成的个别弱仔猪交给新产仔的母猪寄养，但选择时要注意寄养的仔猪在大小上应与同窝仔猪的新伙伴基本相称。

（9）空乳腺一般在产仔后 3 天停止产乳。因此，可把多余的新生仔猪中较健壮者交给 3 天前已产仔、有多余奶头的母猪寄养，而较弱小者仍留给亲生母猪。

无论采取何种寄养方法都应充分注意到，新生仔猪的生存能力很有限，出生后必须迅速喂给初乳以补充营养。

寄养的方法：避开母猪，将被寄养的仔猪与并窝的仔猪全部喷上 2％的臭药水和煤油，经过 1 小时左右，趁母猪不注意时，把仔猪放到母猪身边，让仔猪吃奶。母猪分辨不出是外来的仔猪，易于接纳。或者用白酒喷在仔猪身上和代哺母猪的鼻盘上，让母猪难以分辨是自产仔猪还是他窝仔猪。如果寄养的母猪刚生产完毕，可以把寄养的仔猪用寄养母猪的胎盘全身擦一遍，然后与刚生下来的仔猪一同放在产仔箱内，经过 1 小时左右，把所有的仔猪一起放到母猪身边吃奶。仔猪只要吃过寄养母猪的奶 1～2 次，寄养就成功了。

寄养法可使弱小的仔猪及时吃到初乳，从而避免受冷、营养不良和断奶前的死亡。

62 为什么要给仔猪补铁？如何补？

水泥地面或其他预制板地面的猪舍，尤应注意给仔猪补铁。铁是血红蛋白、肌红蛋白、铁蛋白以及所有含铁酶类的主要或重要组成成分。初生仔猪体内铁的总储量约为 50 毫克（一般每千克体重仅含铁 28 毫克左右）。初生仔猪正常发育时，每天需 7～11 毫克铁，至 3 周龄共需铁 200 毫克。而 100 克母乳中含铁仅 0.2 毫克，由母乳供给仔猪的铁量尚不足需要量的 10％，每头仔猪每天从母乳中得到的铁不足 1 毫克，只靠哺乳不能维持仔猪血液中血红蛋白的正常水平，红细胞数量随之减少。仔猪一般在 7 日龄之内易患缺铁性贫血，表现为被毛蓬乱，可视黏膜苍白，皮肤灰白，头肩部略显肿胀；精神不振，食欲减退，生长缓慢并易并发白痢及肺炎。病猪逐渐消瘦、衰弱，重症可致死亡。有些生长快的仔猪也会因缺氧而突然死亡。给初生仔猪补充铁制剂，可有效地提高造血机能，改善仔猪营养和代谢。据试验，补铁的仔猪 60 日龄体重增加量比对照组高 21.3％，每百毫升血液中的血红蛋白含量比对照组高 19.7％。仔猪最适宜的补铁时间，一般在出生后 2～4 天。

铜有催化血红蛋白和红细胞形成的作用，还可促进仔猪生长。日粮缺铜会影响铁的代谢，同样也会导致贫血症。

常用的补铁办法如下：

（1）注射含铁剂。首选药物是易被仔猪吸收的铁与氨基酸的螯合物（如甘氨酸铁等），但这种制剂目前在我国市场上数量较少。现常用的为右旋糖酐铁（是三价铁与右旋糖酐稳定结构的胶体络合物），国内市售的种类很多，如沈阳的丰血宝、广西的牲血素及富铁力、温州的铁钴针等；还有德国的血多素和富来血、比利时的富来维 B_{12} 等。这些制剂在医药公司都有售并有说明书，一般于仔猪 2～3 日龄时，每头肌内注射 1 次，必要时 10 日龄再注射 1 次。

（2）服用硫酸亚铁-硫酸铜口服剂。

①硫酸亚铁-硫酸铜溶液。称取硫酸亚铁 2.5 克、硫酸铜 1 克，溶于 1 000 毫升热水中，过滤后逐头灌服；或于仔猪吮乳时滴于母猪乳头处，使其自然流入仔猪口内。用于治疗时，20 日龄前每日 2 次，每次 10 毫升。用于预防时，在 3、5、7、10、15 日龄时每日 2 次，每次 10 毫升。

②硫酸亚铁-硫酸铜颗粒剂。称取硫酸亚铁 2.5 克，硫酸铜 1 克，研成粉末，加适量蜂蜜和糖精，然后均匀地掺入淀粉或其他种类赋形剂中，使总重达到 1 000 克，制成小颗粒。可用以预防和治疗仔猪缺铁性贫血症，其用法和用量同硫酸亚铁-硫酸铜溶液。

（3）勤换猪舍内地下深层红土。红壤土含多种微量元素，特别是富含铁，经常到红壤地区运回一些深层的红壤土，铺撒在圈舍内，任仔猪自由舔食，但要注意一旦被粪尿污染就要更换。

（4）猪舍内撒细沙。每 50 千克细沙混入粉状的硫酸亚铁 0.5 千克，硫酸铜 0.125 千克。最好将其溶解于水，再用喷雾器喷入细沙中，每隔 2～3 天喷撒一次。

63 怎样给仔猪配制人工乳？如何饲喂？

有些母猪产仔后，泌乳不足或无乳，需配制人工乳饲喂仔猪才能使其正常生长发育，提高仔猪成活率和育成率。人工乳多是用脱脂乳、酪乳、乳清和植物性饲料，再加上动物脂肪、碳水化合物、维生素、无机盐、抗生素和其他仔猪正常生长发育所必需的成分配合而成的。

（1）仔猪人工乳的配制方法。

①1～10日龄仔猪人工乳的配制。

配方：牛奶1 000毫升，全脂奶粉50～200克，葡萄糖20克，鸡蛋1个，矿物质溶液5毫升，维生素溶液5毫升。配制方法：上述配方中的原料除鸡蛋、矿物质、维生素溶液外，其余的需用蒸汽高温消毒，冷却后加入，拌匀即成。

②11～30日龄人工乳的配制。

配方一：牛奶1 000毫升，白糖60克，硫酸亚铁2.5克，硫酸铜0.2克，硫酸镁0.2克，碘化钾0.02克。配制方法：将上述各种成分放入牛乳中煮沸，冷却后即可饲喂。

配方二：新鲜牛奶1 000毫升，葡萄糖5克，1%硫酸亚铁溶液10毫升，鱼肝油1毫升，鸡蛋半个。配制方法：将葡萄糖、硫酸亚铁溶液加入牛奶中煮沸，冷却至50℃以下，加入鱼肝油1毫升和充分搅拌的新鲜鸡蛋，喂时保持37℃的温度。

配方三：面粉40%，炒黄豆粉17%，淡鱼粉12%，大米粉15%，玉米粉5%，酵母粉4%，白糖4%，钙粉1.5%，食盐0.5%，生长素1%，鱼肝油1毫升。配制方法：将配方中各种粉料混合拌匀后，加入2～3倍的水搅拌呈不稀不稠状为宜，煮沸冷却后加入鱼肝油即可使用。

③31日龄至断奶时仔猪人工乳的配制。

配方：玉米粉30%，面粉20%，大米粉10%，豆饼15%，淡鱼粉12%，麦麸7%，钙粉2%，食盐0.5%，酵母粉2.5%，生长素1%，鱼肝油1毫升。配制方法：将配方中各种粉料混合拌匀后加入2～3倍的水搅拌呈不稀不稠状为宜，煮沸冷却后加入鱼肝油即可使用。

（2）饲喂方法。仔猪出生3～5天即可开始调教采食人工乳，开始可放在浅容器内让仔猪自由舔食，由于人工乳味道鲜美，仔猪经数天的调教便很快学会采食。

人工乳的饲喂时间和用量：10 日龄以内的仔猪，白天每隔 1～2 小时喂一次，夜间每隔 2～3 小时喂一次，每次每头 40 毫升；11～20 日龄仔猪，白天每隔 2～3 小时喂一次，夜间每隔 4 小时喂一次，每次每头喂 200 毫升；21 日龄以后的仔猪，不分昼夜，每隔 4 小时喂一次，每次每头 400 毫升，直至断奶。

64 为什么要给仔猪补料？

在生产实践中，母猪泌乳量一般在 21 天左右达到高峰，以后逐渐下降，而仔猪的生长发育迅速加快，仔猪初生重不到成年猪 1%，30 日龄体重为初生时的 5～6 倍，60 日龄可增长到 10～13 倍。因此，要早开食补料，才能满足仔猪生长发育的需要。如不及时补料，易造成仔猪消瘦、患病或引起死亡。仔猪及早学会采食饲料，有利于它的生长发育。在 3 周龄之前让仔猪对饲料有一个接触、认知和接受的过程，形成采食饲料的习惯，越是早期的成功补料，对仔猪的生长发育越有利。

（1）通过补料，仔猪的消化道得到了锻炼，提高了对饲料的适应性，降低了对饲料的过敏性，促进了胃肠道的发育。成功早期补料的仔猪，胃中游离盐酸分泌早，胃蛋白酶激活早，消化吸收能力强，胃酸抑制肠道细菌的繁殖，增强抗病力。这些变化标志着仔猪的生理成熟度好，为仔猪的早期断奶和顺利断奶奠定了基础。据研究，哺乳期内每头仔猪实际采食饲料的总量达到 600 克以上，其胃肠道的生理成熟度基本上可以适应断奶；如果采食总量达 700 克以上，断奶后的生长优势更为明显。

（2）早期补喂炒过的粒料（如大麦、高粱等），可以避免仔猪在出牙阶段（出生一周以后）因牙龈痛痒乱啃脏东西，感染疾病。

（3）可以防止仔猪因营养不足而阻碍生长发育。据研究，母猪对仔猪营养需要的满足程度是：3 周龄为 97%，4 周龄为 84%，5 周龄为 66%，6 周龄为 50%，7 周龄为 37%，8 周龄为 28%。可见 3 周龄前母乳可基本满足仔猪的营养需要，仔猪无需采食饲料，但为了给 3 周龄后大量采食奠定基础，必须提早训练仔猪开食。仔猪补料器见图 3。

图 3　仔猪补料器

65 仔猪补料应注意哪些事项？

饲养人员应当耐心和细心，要耐心引导仔猪认识和接受饲料，细心观察仔猪的采食状况，并及时采取相应的措施，以保证仔猪顺利适应补料。

在补料的全过程都应当保证供应清洁的饮水。

补料期所用的饲料必须是优质合格的饲料，在使用的过程中还必须加强卫生管理，严格防止由于饲料的因素给仔猪带来疾病；同时，补料期的饲料比较昂贵，应注意节约用料。投料时应当少量勤添；在投料之前应当先清理垫板、地面和食槽，将被仔猪粪尿污染或被仔猪践踏过，仔猪已不愿继续食用的陈旧饲料及时清理出来，用以饲喂同圈的母猪。

66 怎样配制仔猪开食料？怎样训练早期开食？

仔猪补料所使用的饲料除了营养丰富和具有保健功能之外，还应当具有诱食功能。饲料的品种与仔猪断奶的日龄密切相关，断奶日龄越小，饲料越高档，其诱食功能越强。

21 日龄和小于 21 日龄断奶的仔猪，在补料的早期使用诱食料或教槽料。最高档的诱食料中，喷雾干燥的血浆蛋白粉和乳清粉的含量高达40％，对仔猪具有强烈的诱食作用，使用1周，在成功地引诱仔猪采食之后，更换为较为廉价的仔猪开食料；价格低一些的诱食料可连续使用2周，然后再更换为更低廉一些的饲料。

45日龄断奶的仔猪可使用乳猪料补料，乳猪料可以延续使用到断奶之后的一段时间。为提高4周龄仔猪补料的效果，可增加乳猪料中乳清粉和血浆蛋白粉的含量，含乳清粉8％～12％、血浆蛋白粉5％～10％较为适宜。

5周龄以上断奶的仔猪，补料可以使用乳猪料。养猪户也可以自制仔猪的诱食料，根据仔猪喜吃甜食和喜爱带有腥味饲料的特点，可在平常的饲料中加入炒豆粉以及糖精、味精、鱼粉等，调制成具有香味和良好口感的饲料用作补料。

仔猪补料所用饲料可以用粉状饲料或颗粒饲料加水调制成湿料（糊状料）后使用，也可以直接用颗粒饲料，但不宜直接用粉状料干喂。

仔猪从7日龄起有离开母猪单独活动的现象，可根据这一习性，从生后7日起开始诱饲。诱饲方法有以下几种：

（1）让仔猪熟悉环境。仔猪对环境的熟悉，主要是依靠嗅觉，其次是触觉，第三是听觉，第四才是视觉。仔猪的活动范围扩大后，开始对事物进行试探接触。从这时开始，有意识地将它们赶入补料间内活动，并在其经常活动的地方撒些饲料，它们就会比较早地熟悉补料间的环境，增加与饲料接触的机会。

（2）利用仔猪活动时间。7～10日龄的仔猪，其活动大部分在上午9时至下午3时，以后活动时间逐渐增加。气温变化对仔猪的活动有很大影响。在寒冷季节，特别是阴冷天气，仔猪喜在中午前后活动；而无风的晴朗天气，仔猪活动的时间较长，可在5～6日龄时诱食。总之，利用仔猪的活动时间，让其学会采食，可以收到较好的效果。

（3）利用仔猪的拱鼻习性。仔猪活动时，有拱鼻的习性，这是一种寻找地面或地下食物的本能。若在仔猪的补料间里摊开破旧的草席或草包等物，拱鼻的动作就会在这上面进行。利用仔猪这一习性，在草席上撒一些饲料，即可达到诱饲的目的。一旦仔猪对饲料发生兴趣，就会采食较多的饲料。以后可取走草席，直接撒其喜食的饲料。

（4）利用仔猪对某些食物的喜好。仔猪喜吃甜味饲料，将甘薯（苕子、红薯）、南瓜等带有甜味的饲料切成小块，用以诱食，常可收到很好的效果。

仔猪也喜食颗粒饲料，如整粒的玉米、炒焦或发芽的大麦和高粱粒等，但一旦养成习惯以后，就难以纠正。若在诱饲时，较早习惯采食青菜碎片也会如此，先吃光青菜碎片，然后再吃其他饲料。这样往往会带来一定的弊病，造成营养单一或采食不多，进而影响仔猪的增重。为此，利用仔猪喜食颗粒饲料（如玉米）和青菜碎片的特点，仅用于诱饲，一旦学会采食，要注意逐渐过渡到饲喂其他饲料。

（5）利用仔猪争吃的习性。利用仔猪相互争夺饲料这一习性，常将两窝仔猪共用一个补料间，其中一窝不会采食的较小仔猪经过模仿和争食也会采食，这就是以大带小的诱饲法。这在集中分娩产仔的养猪场经常使用，既便于管理，又促进采食。但要注意饲养密度，也要防止两窝仔猪相互抢奶、干扰母猪的泌乳。

仔猪在每一次饲喂新饲料时，相互间也总要争食。因此，在仔猪的诱饲过程中，要始终利用这一习性，增加诱饲次数。

仔猪的诱饲工作虽然比较困难，但只要掌握仔猪的生活习性，投其所好，有步骤、有条件地进行，一般是不难做好的。诱饲工作做得早、做得好，仔猪一般能在 20 日龄左右基本上学会采食较多的饲料，为其后来的真正补料打下基础。因此，上述几种诱饲方法应综合采用。

67 怎样教会仔猪认食？

一般 15～21 日龄为仔猪的认食阶段，在使用含有血浆蛋白粉、具有高度诱食性的饲料时，可提前进入认食阶段。本阶段仔猪的自由活动行为更加明显，接触补料槽的次数增加，仔猪能主动采食饲料，可以看到补料槽中饲料的数量在减少，但仔猪每次采食的数量很少，在不提供饲料时，仔猪并不急于寻找饲料。此时，开始按仔猪的头数提供食槽，让每头仔猪都有同时采食的机会；饲料应少量勤添，以反复少量添加饲料的方法不断提高仔猪对饲料的兴趣，逐步提高仔猪的采食量；同时，要注意保持食槽的清洁，及时清理被粪尿污染的饲料或仔猪不愿采食的陈旧饲料。

有的仔猪在本阶段仍不认食，可进行强制性补料，在高床分娩栏，可用活动栅栏把仔猪与母猪分隔开；在地面圈舍，可把仔猪关入补料栏中，适当延长仔猪的喂奶间隔，让仔猪先采食饲料，然后进行哺乳。也可把糊状饲料抹入仔猪嘴中，进行强制性认食。

68 不同日龄的哺乳仔猪如何补料饲喂？

（1）初生至10日龄仔猪的饲养。初生仔猪未吃初乳前，立即灌服广谱抗生素和乳酶生，每千克体重服80毫克，日服2次；也可用硫酸庆大霉素注射液，给仔猪口腔滴服，每头1万单位，每天2次，连服3天，以预防仔猪下痢。

①3日龄。为预防仔猪贫血，从3日龄开始，可选用其中一种，或同时采用1～2种效果更好。

②5日龄。在仔猪饲槽内放适量贝壳粉、骨粉、木炭末，让仔猪自由舔食。

③7日龄。从7日龄开始，在仔猪补料间撒仔猪专用开口料，让仔猪自由采食，促进胃肠发育。

④10日龄。将少量鲜嫩青菜投入补料间供仔猪诱食。

（2）11～20日龄仔猪的饲养。仔猪生后11～20天，活动时间显著增加，开始长牙，牙根发痒，喜啃咬东西。这是抓诱食、预防白痢病的关键时期，也是培育仔猪的一个重要环节。

①提早饮水。据观察，仔猪在3日龄就开始有渴感，特别是在出生后10天左右，如果不供给饮水，仔猪就会乱舔污水，极易引起白痢。补水时，宜用浅水槽，并要勤换水，换得越勤，饮水越

多，仔猪生长越快。

②让仔猪熟悉环境。仔猪饮食前必须让其熟悉环境，一般从5～7日龄开始，将仔猪赶到补料间，一天数次，经过3～4天，仔猪就熟悉环境了。

③诱食。诱食方法有多种：

a. 自由采食法。在补料间内，或在仔猪经常走动的地方，放些诱食料让仔猪舔食，但需利用仔猪活动时间（在上午9时至下午3时），将其赶至补料间，一天4～5次，4～5天就会吃料。

b. 塞食法。在仔猪熟睡时，将湿料或干料用金属食匙或用手塞进仔猪口中，每天3～5次，效果很好。此法适用于7～10日龄的仔猪。

c. 以大带小法。利用仔猪抢食习性，可将两窝仔猪放在同一补料间，其中一窝仔猪已会吃料，利用大带小的方法，促使另一窝仔猪学会吃食。

④预防仔猪白痢。仔猪白痢是10～30日龄仔猪常发的一种肠道传染病，其特征是排乳白色（俗称"奶屎"）或灰白色的稀便。初下痢为粥状，后变为水样，灰白色、黄白色和黄绿色等，带腥味，有时带血或混有不消化的泡沫状物，一般表现吃乳正常，后肢和肛门附近沾粪，常有呕吐。诱发此病的因素很多，如母猪过肥、乳汁过浓，仔猪吃后消化不良；仔猪喝了污水、尿液；母猪泌乳不足，仔猪营养不良，消化器官发育不全；猪舍垫草不足，猪只运动不足等。对此病应以防为主。

（3）21～40日龄仔猪的管理。从仔猪21日龄开始，如何使仔猪吃食一致，使其在35日龄达到"旺食"，是这一时期的关键问题。

①增加饲喂次数。仔猪20日龄后日喂6次，并要固定时间，使仔猪养成定时吃食的习惯，以促进"旺食"。饲料要新鲜，最好现配现喂，并要少喂勤添，最好在傍晚前3小时，即下午2时以后增加喂料量。

②投其所好，撑足肚皮。让仔猪多吃料，是准备"旺食"的关

键。先喂一般饲料，后喂鱼粉或鱼汤，让仔猪多吃点。这样仔猪的肚皮越撑越大，食欲越来越旺。

③抓好"旺食期"。仔猪30日龄后，食量加大，出现贪吃、抢吃的现象。仔猪一听到预饲的声响，如饲养员"啰啰"的叫声，饲养用具的打击声等，就会成群拥向补料间，争先恐后地争食。这种旺盛的采食现象称为"旺食"。旺食抓得好，仔猪哺乳后期的生长就更迅速。例如，仔猪在40～60日龄的体重可增加1倍，即每天增重500克以上。因此，抓好仔猪的旺食期是提高断奶重的有力措施。

仔猪在旺食阶段，饲料必须稳定，尽可能不要变化太大。如突然变换饲料，往往影响采食量，甚至不食，而且四五天才能慢慢习惯，如果再继续变换，便会影响旺食。

根据仔猪的采食习性，选择适口性好的饲料，并注意饲料的形态，如炒焦的玉米、小麦、高粱、稻谷，切碎的南瓜、青绿饲料均为仔猪喜食饲料。补料还要多样配合、营养丰富。每千克饲料含消化能不少于13.81兆焦，粗蛋白质的含量为18%，同时要注意配合仔猪最需要的赖氨酸和色氨酸等。此外，最好能给予一定数量的脱脂奶粉、血粉等动物性蛋白质饲料。

④预防皮肤病。仔猪皮嫩，易生疥癣或其他皮肤病，而且一般不到严重期不易发现，因此必须积极预防。预防方法是：仔猪生后，保持栏舍清洁干燥，让仔猪多晒阳光；喂给仔猪营养丰富和足量的青饲料，提高抵抗力；一旦发病，可在饲料内加入0.1%的硫酸锌，并用低浓度的敌百虫溶液喷洒。平时，在饲料中加入0.04%的硫酸锌。

⑤加强母猪的管理，确保奶水充足。母猪产仔10天以后应逐渐加料，日喂4次，最好夜间投喂一次青饲料。精料中如果没有鱼粉，应该将胎衣煮熟喂猪，可促进泌乳。

⑥适时阉割。一般在7～10日龄阉割比较好，及早阉割伤口愈合较快、应激小，过迟则影响生长、易感染。

（4）41～60日龄仔猪饲养管理。该期是仔猪增重最快的时候，应该利用仔猪贪食、抢食和喜食新鲜饲料的习性，增加饲喂次数，促进仔猪大量吃料。

①稳定饲料质量，狠抓旺食。仔猪的饲料质量必须稳定，尽可能不要变化太大，一般日喂 7～8 次，每次少喂勤添。尽量多喂些含蛋白质的饲料，一般不会发生腹泻。狠抓旺食即冬天在午后，夏天在傍晚，增加饲料投量，一般可占全天饲料量的一半左右，尽量使其吃饱。

②增加夜食。增喂夜食可提高断奶重。夜食可在 35 天以后进行，并宜在夜间 10 时以后喂给，过早则效果不佳，剩食较多。喂夜食时必须有照明。

③补微量元素。将硫酸锌、硫酸镁、碘化钾、硫酸亚铁等适当加入饲料，促进仔猪生长。

69 为什么要给猪提供充足清洁的饮水？猪每天需要多少水？仔猪怎样供水好？

在猪的饲养过程中，水本身尽管不是营养物质，但它的作用却举足轻重。

（1）水的功能。水是动物体的重要组成部分，哺乳仔猪体内含水 75%～80%，成年猪体内含水 60%～65%。机体需要从外界获得水后再从体内排出水保持体内水平衡，如果失水 10%，会出现严重代谢紊乱；失水 20%，有可能导致死亡。体内营养物质的消化吸收、体温的调节以及内分泌、代谢等各种生理活动都需通过水来完成。体内大部分水与蛋白质形成胶体，使组织和细胞保持一定形态、硬度和弹性。猪得不到水比得不到饲料更难以维持生命。猪饥饿七八天还可能活着，但不饮水则会在短时间内死亡。

（2）猪的需水量。通常按采食单位重量干物质计算，以采食每千克饲料干物质的需水量表示，猪一般为 1∶4（即采食 1 千克干物质，需补 4 千克水）。环境温度和饲料含水多少对需水量有显著影响，气温高、饲料干燥，需水量就多；气温低、饲料含水多，需水量就少。

（3）猪舍供水。不论是平地饲养或网床饲养，都需要安装供水设备。尽管哺乳仔猪以母乳为食，但猪乳中的脂肪含量高，特别是初乳中干物质、蛋白质和乳糖含量都高，仔猪吮乳后常感到口渴，如无清洁饮水，就会因喝污水或尿水而感染疾病。

猪舍内或网床栅栏上必须单独为仔猪安装位置较低的乳头式饮水器，如果是设水槽，则需经常换水。

70 怎样保证仔猪随时饮用清洁的饮水？

仔猪日饮水量为其体重的15％左右。使用鸭嘴式自动饮水器时，水的压力要足够，水流速度不应低于每分钟250毫升；使用水槽饮水时，水槽中应随时保持有清洁的饮水，水槽中的水被污染时，可影响仔猪的饮欲而造成饮水不足。饮水不足的仔猪采食量下降，影响仔猪的正常生长发育。因为饮水不足而被迫饮用不清洁的水或直接饮用污染较严重的水，会使仔猪肠炎腹泻的发病率明显上升。猪用自动饮水器见图4。

图4　猪用自动饮水器

71 怎样调教新生仔猪？

（1）生活定位的调教。新生仔猪有偎依在母猪身旁休息、睡眠的习惯，应当把吃完奶的仔猪送入保温箱休息。保温箱中的仔猪应按时唤醒，放出在一定的区域稍事活动并排泄粪尿，然后与母猪接触和喂奶，喂完奶在粪尿排泄区稍作停留，排泄粪尿后再送回保温箱。如此调教2～3天，仔猪即会自觉利用保温箱为休息场所，减少冷应激和被母猪踩压的危险，并形成在保温箱外的排泄区排泄粪尿的习惯，保持保温箱的清洁。仔猪较喜欢在潮湿和气味不洁的地方排泄粪尿，在分娩栏中，安装有自动饮水器的区域和母猪后躯附近可作为仔猪的粪尿排泄区，不安装自动饮水器的另一侧前方可作为以后仔猪补料的区域。

（2）饮水的调教。3日龄左右的仔猪开始寻求饮水，应当及时引导仔猪学会使用自动饮水器。仔猪用的自动饮水器安装在母猪用的自动饮水器旁边，母猪饮水的动作以及饮水时洒漏出来的水，都对仔猪使用饮水器有引导作用；也可以在鸭嘴式自动饮水器上插一根小棍，使饮水器有水滴流出，可以对仔猪起引导作用；在仔猪吃奶之后，用手指按压自动饮水器，将流出来的水淋在仔猪嘴上，或者用手将仔猪划拢到饮水器下，再用仔猪的吻突去碰触自动饮水器，使饮水器流出水来，如此调教2～3次即可成功。没有安装自动饮水器时，应当在仔猪活动的地方放置水槽，并经常保持水槽中有洁净的水，在仔猪吃完奶后，把一两头仔猪的嘴和水槽中的水进行接触，可使仔猪很容易学会用水槽饮水。

72 怎样淘汰弱小仔猪？

新生仔猪中可能有少数几乎不能存活的仔猪，经过鉴别、认定后可予以淘汰。在母猪产仔成绩良好、弱仔所占比例很小并且母猪哺育仔猪的头数达到满负荷时，淘汰弱小仔猪可以提高仔猪群的成活率和育成率，提高仔猪生长的整齐度。产后可以立即作淘汰处理的仔猪的判定标准是：因先天发育畸形或胎内感染疾病无法正常生活的仔猪；出生后即呈濒死状态的仔猪；丧失吮乳能力，甚至把乳汁挤入口内都不会吞咽的仔猪；体质过于瘦弱的仔猪。仔猪初生重大小是判断是否属于弱小仔猪的重要指标，初生重与品种和母猪妊娠期的饲养管理直接相关，正常情况下大白猪、长白猪仔猪及其杂交后代初生重不足800克可列为弱仔，这种弱仔在有的猪场被列为淘汰对象。

在散养母猪户中，由于人为的照顾较多，弱小仔猪相对较少，被淘汰的仔猪也少。在规模化猪场，如果母猪的产仔数少、母猪还有较大的哺育潜力，或者仔猪的初生重普遍较低，对弱仔的淘汰力度就应降低；经过积极救治和细心护理可以成活的病弱仔猪可以免于淘汰。例如，一部分先天性锁肛仔猪通过人工造肛手术可获救而免于淘汰；经过精心照顾能够正常生长发育的仔猪，如经人工辅助哺乳之后，具有自吮乳能力的仔猪也不应当淘汰。但是，对于不淘汰的弱小仔猪必须加倍精心照顾。

73 怎样照顾病、残、弱仔猪？

病、残、弱仔猪应挑选出来放在专用圈栏饲养。出现营养不良和采食量明显不足的仔猪，应当饲喂高一档次的饲料，把饲料调成粥状饲喂 5～10 天，大多数仔猪的健康状况将会有明显的改善；采食、饮水有困难的仔猪（如肢体损伤、站立困难的仔猪）应予以人工辅助；有治疗价值的仔猪应予以积极治疗。

74 怎样防止仔猪被母猪挤压踩踏伤亡？

哺乳仔猪有被母猪挤压踩踏伤亡的危险，新生期仔猪，乃至10 日龄之内的仔猪因此而伤亡的可能性最大。为减少这种伤亡，分娩栏限制了母猪的自由活动和起卧的速度，使仔猪来得及躲避；扣笼式的分娩栏配备有仔猪保温箱；若在地面圈舍产仔时，可在母猪圈之中建造一个只有仔猪能自由出入的仔猪圈（又称为护仔栏或仔猪补料栏），应调教仔猪利用保温箱或仔猪圈为休息场所，减少在母猪身旁停留的时间。如果母猪突然受到惊吓会迅速起立，极易使仔猪躲避不及而受到伤害。因此，要避免使母猪受到突然惊吓，产房内要保持安静，陌生人禁止进入产房，母猪所熟悉的饲养人员进入产房时要用声音先向母猪打招呼，禁止粗暴对待母猪，饲养人员要随时注意产房中的动静，夜间要有人值班，当听到仔猪被挤压发出的尖叫时，要立即进行施救。

75 仔猪为什么要去势？

母仔猪性成熟后每间隔 18～25 天就要发情一次，持续期为 3～4 天，多者为 1 周。母猪在发情期内，表现神情不安，食欲减少，影响休息，增长缓慢，饲料报酬降低。公猪更是如此。去势后的公、母猪则无以上情况，且性情变得安静温驯，食欲好、增长快，肉脂无异味。特别是我国地方猪种性成熟早，肉猪饲养期长，供育肥的公、母仔猪和不留作种用的都要去势。

76 仔猪什么时间去势最适宜？

现代培育品种瘦肉型猪性成熟较晚，在高水平饲养条件下，5～6 月龄（体重可达 90～100 千克）性成熟前即可上市，但公猪比母猪和阉猪长得快，所以，如果饲养没有地方猪种血统的两品种和三品种杂种瘦肉型猪，育肥时可只给公猪去势，不给母猪去势。

我国地方猪种性成熟早，肉猪饲养期长，供育肥的公、母猪都必须去势。经去势的仔猪性情安静，食欲好、增重快（无发情干扰），肉脂无异味。自繁仔猪的专业户，供育肥的仔猪可于哺乳期内 35 日龄左右，一般 3～20 日龄、体重 5～7 千克时去势；养猪场仔猪可于 7～10 日龄去势，至 35 日龄断奶时，刀口已愈合。不留种用的小母猪可于 2 月龄以内去势。早去势，伤口愈合快，手术简便，后遗症少。

77 怎样给小公猪去势？

小公猪去势又叫阉割，是将小公猪的睾丸和附睾摘除，使其失去性机能。一年四季均可去势，但以春、秋两季为好。

去势方法和步骤如下：先准备一个刮脸刀片和 5％碘酊 5 毫升，干净的棉球若干。然后将小公猪左侧横卧、背向手术者，手术者用左脚踩住猪的颈部，右脚踩住尾巴，用碘酊棉球在公猪肛门下方的阴囊部位涂擦消毒。消毒后用左手拇指和食指捏住阴囊上部皮肤，把一侧睾丸挤向阴囊底部，使阴囊皮肤紧张，将睾丸固定住。

术者右手持刀片，在阴囊底部纵向切开一个 2 厘米长、1 厘米深的切口，挤出睾丸，用手撕断鞘膜韧带（白色韧带），用力拉断精索，涂擦碘酊，取出睾丸；然后以同样的方法摘除另一侧睾丸。切口涂擦碘酊消毒，一般不要缝合，但去势后要注意保持猪圈内清洁卫生，以免污染伤口而引起感染。

78 怎样给小母猪去势？

给小母猪去势通常采用外科手术方法。将不留种用的小母猪卵巢摘除，使其失去性欲，从而提高其生产性能和畜产品质量，增加养猪经济效益。具体方法步骤如下：

（1）保定。术者左手握住小猪的左后肢，把猪倒提起，右手以中指、食指和拇指抓住耳朵，向下扭转半圈，将其头部侧耳、面部贴于地面，术者右脚掌踩住右侧耳朵根部。然后左手将其后躯放低贴于地面，两手抓住右后肢，用力将猪体躯和左、右后肢直至猪蹄前面朝上，成半仰卧势，术者左脚踩住其左后肢小腿部。

（2）术部位。术者左手中指指肚顶住猪的左侧髋结节，拇指用力按压其侧皱边缘下方约 12 厘米处之腹壁，其按压力点与中指顶住的髋结节相对应，髋结节与小腹壁按压点成一垂直线。术部切口在拇指按压点稍下方。

（3）手术方法。将术部剪毛，用 5％的碘酊消毒之后即施行手术。右手握住柳叶刀柄，以食指贴住刀柄距刀尖约 1 厘米处，以便于控制刀口深度。左手拇指用力下压术部，右手持刀向术部垂直插入，同时左手拇指轻压术部，借助腹腔压力，一次穿破腹壁。此时用力向外推压创口，左手拇指紧压术部，子宫角即可涌出切口，如子宫角不能涌出时，可用刀柄伸入腹腔钩出，连同卵巢、子宫角一起摘除，断端涂擦碘酊消毒后送回腹腔，然后提出仔猪后肢摇晃几下（防止粘连）放开，即完成手术。

79 哪些情况下猪不能去势？

（1）病猪不能去势。凡是体温不正常，患有严重皮肤病和体弱多病的猪都不能去势，以防感染发病。

（2）发情母猪不能去势。母猪发情时由于输卵管红肿充血，此时去势易造成出血死亡。

（3）饱食后的母猪不能去势。饱食后去势，易伤及猪的胃肠，影响猪的消化和生长。

（4）妊娠母猪不能去势。母猪妊娠时去势，容易造成机械性流产。

（5）夏季中午母猪不能去势。由于炎夏中午气温较高，去势后输卵管不结扎，容易引起出血过多而导致死亡。

（6）无消毒药物不能去势。去势时一般用 5％的碘酒消毒，术者手和手术刀用 75％的酒精消毒，以防局部感染化脓，无上述药物时，不能给猪去势。

六、断奶仔猪培育技术

80 什么是早期断奶？早期断奶有哪些优点？

早期断乳的概念不尽相同。目前在我国，猪的断乳时间在35日龄时称早期断乳，3周龄前称为超早期断乳。早期断奶的优点：

（1）缩短了母猪生产周期。多年来，我国哺乳仔猪大都实行60日龄断奶，母猪生产周期为：妊娠114天＋哺乳60天＋配种7天＝181天，平均年产仔1.6窝，育活仔猪14头左右，盈利少，影响了养猪业的发展。

从决定母猪生产周期长短的主要因素来看，母猪妊娠天数和断奶至配种天数是人力无法改变的，唯有哺乳期的长短，也就是仔猪断奶日龄，是可以人为控制的。通过缩短母猪哺乳期使仔猪早期断奶来提高母猪年产仔窝数是最简单、最有效的办法，这是我国养猪生产上的重大技术改革措施之一。实行早期断奶，仔猪哺乳期由8周缩短到4～5周，母猪年产仔可达到2.2～2.4窝，每窝成活仔猪9～10头，大大提高了母猪利用效率和繁殖力。

缩短了仔猪的哺乳时间，可以减少哺奶母猪体重的损失，在仔猪断奶后母猪不再经过复膘阶段，可及时发情配种进入下一个繁殖周期。

（2）仔猪进入育肥期时好养。早期断奶的仔猪，已经提早适应独立采食的生活方式，当进入育肥阶段时，很好饲养。

（3）可以提高饲料的利用效率。在自然哺乳情况下，通过母猪吃料而仔猪吃母乳，在料转化成乳、乳转化成仔猪体重过程中饲料利用率仅20%，实际上增加了饲料用量，浪费了饲料。采用早期断奶方法，小猪直接摄取饲料，使饲料直接转化成体重，由料—乳—体重变成料—体重，减少了1次转化，使饲料利用率提高至50%～60%。

（4）可以提高仔猪的均匀度。仔猪早期断奶可用人工乳及通过补饲来哺育，可根据仔猪不同生长发育时期的营养需要，配制全价平衡日粮，减少弱猪、僵猪的比例，获得体重大且生长均匀的仔猪，适合规模化、集约化猪场全进全出的饲养制度。

（5）早期断奶的小猪开食早，胃肠机能得到较早锻炼，对饲料有较强的适应能力，一般采食量大、生长快，对缩短猪的育肥期有重要影响。

（6）早期断奶可降低饲养成本。在养猪生产的成本中，绝大部分是饲料开支。在一年内，1头3周龄断奶的母猪比8周龄断奶的母猪少吃100千克以上的饲料，因为母猪在哺乳期多吃饲料才能满足泌乳需要。提早断奶缩短了母猪大量采食的泌乳期，饲料用量也随之大大减少。尽管提早断奶的仔猪需要多吃些料，但肯定比母猪省下来的饲料少得多。

试验证明，仔猪3周龄断奶后饲养至体重达20千克所需饲料加母猪所用饲料，与6周龄断奶饲养至体重达20千克所需饲料加母猪所用饲料相比，3周龄断奶可节约饲料20%～25%。另外，若1头母猪按8周龄给仔猪断奶，年产只有2胎。每胎育有仔猪按8.5头计，饲养100头母猪，每年可得断乳仔猪1 700头。如果3周龄断奶，生产同样多断奶仔猪，只需饲养80头母猪，如此可节省20头母猪的饲养和其他费用。

81 仔猪早期断奶需要注意哪些问题？

（1）要抓好仔猪早期开食训练，使其尽早适应独立吃料。

（2）早期断奶仔猪日粮要含高能量、优质蛋白，并有较好的全价性，饲料适口性要好，易于消化。断奶后第一周要适当控制采食量，以免引起消化不良而下痢。

（3）断奶仔猪最好留原圈饲养，让母猪离开，以免因换圈、混群等刺激而影响仔猪正常的生长发育。注意保持猪舍内清洁干燥，避免寒冷、风雨等不利因素对仔猪的影响。

（4）断奶应避免与预防注射、去势等同时进行，尽量减少应激。

（5）断奶时间的修正与变通。在具体操作时，还应根据实际情况对断奶时间做一些修正与变通。

①提前断奶。其一，少数母猪泌乳性能特别优秀，仔猪提前达到断奶标准，而母猪自身体膘消耗巨大，对此类母猪可以提前断奶；其二，个别母猪患病或体膘消耗太多，仔猪未到达断奶日期，体重也未达标，有可能影响下一个繁殖周期的生产，对此类母猪也应提前断奶，将仔猪寄养给体膘和泌乳性能都较好的新断奶母猪。

②延期断奶。少数仔猪到达断奶日期而未能达到断奶标准体重，或者断奶时发生腹泻等疾病而不便于断奶，或者有些仔猪临近断奶时仍拒绝采食饲料、正在进行强制认食训练，对这一部分仔猪应当实行延期断奶，在断奶时将这部分仔猪挑出来，另外配备体膘与泌乳力较好的新断奶母猪继续哺乳5～7天。但应当注意，延期断奶仔猪应当是少数的。如果有大量仔猪需要延期断奶，则会影响猪舍周转，使较多数量的母猪滞留产房而不能及时投入配种，对母猪下一个繁殖周期的生产不利，出现这种情况时，应该对断奶前的生产各环节进行检查和改进。

断奶工作原则上是按时间按标准执行的。规模较大的猪场每天批量断奶，断奶成为每天的一项工作内容。规模较小的猪场，为使断奶工作规律化和便于管理，可实行三日节律制，即每3天进行一次断奶，把前一天到达断奶日期和后一天到达断奶日期的猪集中在当日一起进行断奶。但是断奶的节律不要超过1周，否则会加大断奶仔猪的日龄差异，对仔猪以后的培育工作不利，同时不利于母猪的节律性生产。

82 早期断奶仔猪需要哪些营养？

仔猪断奶后，肌肉、骨骼生长十分旺盛，需要丰富的营养物质。

（1）能量。根据国家饲养标准规定，10～20 千克重的断奶仔猪每天每头需消化能 12.58 兆焦。由于仔猪食量较小，要求每千克日粮中所含的消化能水平高，10～20 千克重的仔猪每千克饲粮中的消化能不低于 13.84 兆焦。

（2）蛋白质。断奶仔猪肌肉生长十分强烈，蛋白质代谢也很旺盛。为此，必须供给充足、优质的蛋白质饲料。10～20 千克重的断奶仔猪，饲粮中应含粗蛋白质 19%、赖氨酸 1.16%、蛋氨酸和胱氨酸 0.66%。20～60 千克重的生长肉猪，饲粮中含粗蛋白质 17%。

（3）矿物质。仔猪在断奶后骨骼发育极快，必须供给充足的矿物质，主要是钙、磷。饲料中一般钙、磷含量不足，因此，在日粮中必须另外添加。10～20 千克重仔猪的饲粮中应含钙 0.74%、磷 0.58%，钙与磷的比例应为（1～1.5）：1。铁与锌每千克饲粮中各含 105 毫克，碘与硒各含 0.14 和 0.30 毫克。

（4）维生素。骨骼与肌肉的生长都需要维生素，特别是维生素 A、维生素 D、维生素 E 较重要。10～20 千克重的断奶仔猪，每千克饲粮中含维生素 A 1 700 国际单位、维生素 D 1 200 国际单位和维生素 E 11 国际单位。青绿多汁饲料不仅适口性好、易消化，营养价值较高，而且含有丰富的维生素。因此，在断奶仔猪日粮中应补充适量、品质好的青绿多汁饲料，但不能过多，否则会引起仔猪腹泻。

83 仔猪什么时间断奶最好？

仔猪的适宜断奶时间，应根据各养猪场（户）的具体情况而定。以前，一般的种猪场是 56～60 日龄断奶，商品猪场 45～50 日龄断奶。随着养猪设备、营养和饲料科学的发展，目前，许多有条件的猪场（户）已普遍采用 21～28 日龄早期断奶的方法，也有在 18 日龄断奶的。早期断奶缩短了哺乳期，而且断奶时母猪体况尚好，断奶后可迅速发情配种，因而可以提高母猪的年生产能力。

一般来说，生产中最好不要早于 21 日龄断奶，否则会给仔猪的人工培育带来许多困难，影响仔猪的成活率。因此，各猪场（户）的仔猪断奶时间，应根据其生产设备、饲料条件和管理水平来决定。条件好的，可适当提前；条件差的，则应适当推迟。

在仔猪实行成批同时断奶时，可将每窝中个别极瘦弱的仔猪挑出并集中起来，挑选一头泌乳性能较好的断奶母猪，再让其哺乳1周，可以减少这部分仔猪断奶后的死亡。

4～5周龄断奶仔猪在哺乳期每头累计摄入的饲料量应当在600克以上，断奶仔猪应当健康活泼，不应出现腹泻、发热、咳喘、贫血等病态。

84 怎样给仔猪断奶？

适时正确地进行断奶，对母猪和仔猪的生长发育都非常重要。断奶的前提条件是要抓好仔猪早期的开食训练，使其尽早适应独立采食为主的生活方式。目前仔猪的断奶方法有两种：一是早期断奶法，二是常规断奶法。早期断奶的时间在35日龄以前；常规断奶的时间一般在60日龄左右。为提高母猪的利用率，增加其年产仔数，可采取早期断奶法，但必须给仔猪创造良好的环境条件，给予适宜而稳定的温度，饲喂营养全面、易消化的饲料等。无条件的可采用常规断奶法。

（1）一次性断奶法。当仔猪达到预定断奶时间时，果断迅速地将母仔分开实行全窝同时断奶。此种方法简单、操作方便，主要适用于泌乳量已显著减少，无患乳房炎危险的母猪。

（2）分批断奶法。根据仔猪的发育情况、食量及用途，分别先后陆续断奶。此种方法费工费力，母猪哺乳期较长，但能较好地适用于生长发育不平衡或寄养的仔猪和奶旺的母猪。一般于预定断奶前一周，先将准备育肥的仔猪隔离出去，让预备作种用和发育落后的仔猪继续哺乳，到预定断奶日期再把母猪转出。一窝仔猪分为2～3次断奶。这种断奶方式照顾了弱小仔猪，可以提高仔猪生长的整齐度，同时逐步减轻了母猪的哺乳强度，减少了母猪的断奶应激，使之顺利过渡进入发情期。窝内整齐度差的仔猪适用这种断奶方式，有足够长的哺乳期和仔猪补料工作开展得好是采取这种断奶方式的前提条件。切忌将表面上很强壮、奶膘丰满但尚未进入补料旺食阶段的仔猪先行断奶，以免这部分仔猪发生严重的断奶应激。

（3）逐渐断奶法。在仔猪预定断奶日期前4～6天，让母仔分开饲养。常将母猪赶回原猪圈，定时放回哺乳，哺乳次数逐日减少直至断净。此种方法比较可靠，可减少仔猪和母猪的断奶应激，使仔猪断奶更顺利，母猪缩短了断奶至再发情的时间。适用于不同情况的母猪。母猪的断奶配种间隔平均缩短了3天。但是这种断奶方式管理繁琐、工作量大，在生产中组织实施的难度较大，不适合规模生产。

（4）综合式断奶。不同的断奶方式之间具有相容性和互补性，在生产实践中可以某种断奶方式为主，同时根据需要灵活运用其他方式，综合利用各种断奶方式的长处。适合生产实际的断奶操作往往是不同断奶时间和不同断奶方式的综合应用。

85 断奶后哪些因素易造成仔猪应激反应？

（1）营养应激。仔猪的食物由以天然的母乳为主突然完全改变为人工固体饲料，所摄入营养的成分构成和可消化性均发生重大改变。这种变化与消化道的适应性及机体的代谢能力构成矛盾，使仔猪发生营养应激，成为断奶应激中最重要的应激反应。

（2）离母应激。断奶仔猪离开了母猪，失去依恋与呵护而产生心理应激。

（3）环境应激。断奶前后生活环境的明显差别可对仔猪产生应激，不同的舍内小气候、不同的圈舍设备、不同的饲养人员以及新组成的猪群状况都成为环境应激因素。

（4）加剧断奶应激的因素。

①断奶日龄。日龄越小，断奶应激越强烈。

②饲料。断奶时饲料的品种越不适合仔猪的需求，饲料的品质越差，断奶应激越明显；在断奶的同时更换饲料品种，断奶前后饲料的差别越大，断奶应激越明显。

③仔猪补料。断奶前补料工作不到位将加剧断奶应激。

④环境因素。断奶前后环境变化的幅度越大，断奶应激越强烈。

86 **断奶应激反应有哪些发生发展规律？**

所有的仔猪在断奶时都会产生应激反应，这是一种正常的生理反应。但是，适应能力强的仔猪可在较短的时间内结束应激反应而产生断奶适应性；适应能力差的仔猪则加剧应激反应，产生断奶应激综合征。此后，大部分仔猪在正常饲养管理条件下可以自愈，步入正常的生长发育；少数仔猪，尤其在恶劣饲养管理条件下的仔猪，则因断奶应激综合征的恶性发展而失去饲养价值，甚至死亡。在断奶应激反应的发生发展过程中，仔猪有如下表现。

（1）第一阶段表现。仔猪断奶之后的最初表现是惊恐不安，在圈中来回走动和鸣叫，容易受到惊吓，食欲差、采食量小，腹围开始变小，毛色变干枯。

（2）第二阶段表现。经过2～3天时间，初步建立适应性的仔猪表现安静，睡眠时间延长，食欲逐步增加。仔猪产生了断奶适应性，没有病态表现，断奶应激过程逐步结束。

断奶应激综合征的表现包括：不能适应断奶的仔猪，在产生断奶应激综合征的初期，仔猪有饥饿感而食欲增加，进食时有神经质反应，比较普遍地产生程度不同的消化不良，出现断奶腹泻，其中包括因感染肠炎而发生的下痢；进一步发展，仔猪饮欲增加，食欲下降，采食量降低，皮肤失去红润光泽，毛色干枯，腹泻可能进一步发展，严重的仔猪表现脱水，有的仔猪因呼吸道感染而表现咳嗽、鼻流黏涕、体温升高等，仔猪消瘦，呈现出严重的断奶应激综合征；在此基础上继发其他疾病，如仔猪水肿病、咬尾症、仔猪生长停滞等。在国外，仔猪断奶应激综合征被称为PWSD，它的表现形式有仔猪非传染性腹泻、断奶腹泻综合征、断奶后水肿病、断奶后休克综合征、断奶后僵猪综合征、断奶后咬尾和咬耳综合征等。

发生断奶应激综合征的仔猪，通过改善饲养管理和适当的治疗一般都可好转和痊愈。但是，猪群普遍出现不同程度的生长发育障碍，日增重明显下降，甚至出现负增重，饲料利用率低下，甚至出现非直观的经济损失；少数仔猪的断奶应激综合征高度恶化发展，可形成僵猪或导致死亡。

87 怎样防治断奶应激综合征？

断奶应激综合征出现在仔猪断奶之后、仔猪保育期的初期，对它的防治要从断奶之前做起。防治的目标是使仔猪尽快产生断奶适应性，缩短断奶后的不适应期，减轻断奶应激反应，遏制断奶应激综合征的发生。为此，应从以下 12 个方面采取措施。

（1）根据生产条件选择适当的断奶时间。断奶的主要应激是营养应激，仔猪的生理成熟度与断奶仔猪饲料之间的矛盾成为断奶应激中的主要矛盾，前者以仔猪的日龄和体重为标志，后者即是饲料的科技含量。选择断奶时间是仔猪的日龄、体重和饲料三者之间的统一，根据饲料品质选择适当的断奶时间，是预防断奶应激综合征的首要方略。

（2）在断奶时间已经确定的前提下，改善仔猪的饲料品质、使用高品位的乳猪饲料可以减轻断奶应激反应，缩短断奶应激的时间。

（3）做好仔猪补料工作是预防断奶应激反应的有效办法。为防止断奶应激综合征的发生，在补料工作中，要做到仔猪早认食，3～7 日龄开始诱食，狠抓旺食，做到每一头仔猪在补料期间的饲料摄入量都达到 600 克以上。对补料未过关的仔猪应当延期断奶。

（4）在仔猪断奶前后使用同一种饲料，断奶不换料，可以减少断奶应激。

（5）推行断奶仔猪原圈（原床）培育技术，尽可能实施原群断奶，并且注重加强断奶后的环境质量管理，尽可能减小断奶前后的环境差异，可有效减轻断奶应激反应。

（6）讲究断奶仔猪的饲养方法，即在断奶后的 4～6 天内应实行限量饲养，平均每头仔猪的日投料量不超过 250 克，每昼夜投料 6～8 次，过渡到 1 周后每昼夜喂料 4 次。

（7）根据仔猪粪便的状态调整饲料投喂量。每天喂料前先观察仔猪的粪便，如果粪便正常一致，呈黑褐色油光发亮的软条块状，说明消化正常，可以逐步增加喂料量；如果粪便虽然成形，但为黄色，内有饲料颗粒，提示发生轻度消化不良，应减料 10%～20%；如果粪便为黄色软粪，或排出含有粪块和粪汤的粪便，说明消化不良较严重，并发生了轻度的肠卡他，则应当减料 20%～30%，同时投喂助消化药；如果粪便为黄绿色、灰黑色或呈污黑色的糊状至粥样，可见到有较多的黏液，或有气泡，或有血液，则说明有严重的肠炎，应当减料一半以上或停止投料，并在限饲的基础上投药进行消炎治疗。

（8）根据食槽内剩余饲料的情况来调整饲喂量。每次喂料前先检查食槽内的剩料，如果无剩料，槽内很干净，本次投料可以比上次略多；如果上一次投放的饲料已基本吃光，但剩有少量饲料粉末，则本次投料量不能超过上次，如果槽内剩料较多，则应减少投料量，或将剩料清理出来后，另添新料。食槽内有粪尿时，必须清理干净后使用。

（9）根据仔猪的进食状态调整饲喂量。如果仔猪进食时蜂拥争食，叫声不断，可适当多投料；如果仔猪反应淡漠，动作迟缓，应减少投料量，并及时进行临床检查，有临床症状者按病猪处理。

饲养的槽位要充足，使每头仔猪都有采食空间；饲料的投放方法为均匀投放和少给勤添，一次饲料量可分 2～3 次投放。

（10）保证仔猪随时可饮到充足、干净的水。使用自动饮水器的猪舍，在仔猪断奶时应该对每个圈栏的饮水器都检查一遍，既要保证流水通畅，又要避免严重的漏水喷水，避免仔猪受到凉水的喷淋袭击；使用水槽饮水的猪舍，要随时保持水槽中有清洁的饮水。

（11）要尽量减少对仔猪的刺激。在断奶的同时，要尽可能避免进行去势和疫苗接种等具有应激性的工作。对于集中去势时遗漏的仔猪进行补充去势，可在断奶的前 1 周或后 1 周进行。

（12）断奶应激的药物防治。某些具有营养和机能调节功能的药物，以及某些微生态调节性的药物具有抗应激和稳定机体内环境的作用，在断奶前后使用的高品位饲料中已包含有这类药物，可使仔猪安全度过断奶应激期；如果没有条件使用高品位的仔猪饲料，或者所用的饲料抗应激作用不明显，在断奶前后可适当应用此类药物。这些药物包括猪用复合多种维生素、赐美健、酵母片、电解多维益生素、促菌生、调痢生、乳酶生、甘露糖寡聚糖、果糖寡聚糖等，对断奶应激有预防作用，可减轻断奶应激反应，对早期的和较轻的断奶应激综合征有治疗作用，可以根据实际情况选用。预防性投药可从断奶的前 3 天持续应用到断奶后的 7 天，用量参见产品的包装说明；如果出现消化不良或有轻度的肠炎腹泻，每头仔猪可灌服酵母片 6～10 片，或促菌生 4～6 片，或乳酶生 2 克，每天 2～3 次，连用 3 天。

药物对断奶应激反应的防治作用是有限的，或者只能起辅助作用，必须采用综合防治措施。

88 仔猪食欲不佳怎么办？

断奶阶段的仔猪，通常会减少采食量。而采食量低的原因，多是断奶应激造成的生理异常。因此，早期断奶的仔猪，对饲料有特殊的要求。

早期断奶仔猪的饲料应该容易消化，具有高的消化率。断奶后 7～10 天内采食高消化率日粮，可使每日总采食量保持较低，从而既满足仔猪的营养需要，又不致使仔猪胃肠道负担过重而引发下痢。因此，首先要尽量提高饲料的能量水平和赖氨酸水平。同时，由于豆粕中含有抗原性物质，可通过降低日粮中粗蛋白质、提高氨基酸水平的办法来缓解腹泻的发生。在原料的选择上，可选用玉米、鱼粉、喷雾干燥的血粉以及一部分豆粕。有条件的情况下，最好用一些乳制品，使用柠檬酸等酸化剂也对帮助仔猪消化有好处，使用山楂也能起到非常好的效果。

仔猪断奶后往往由于生活条件的突然改变，表现出食欲不振、增重缓慢甚至减重，尤其是补料晚的仔猪更为明显。为了过好断奶关，要做到饲料、饲养制度及生活环境的"两维持"和"三过渡"，即维持在原圈培育并维持原来的饲料，做到饲料、饲养制度和环境条件的逐渐过渡。

（1）饲料过渡。仔猪断奶后，要保持原来的饲料半个月不变，以免影响食欲和引发疾病。半个月后逐渐改换饲料。断奶仔猪正处于身体迅速生长阶段，需要高蛋白、高能量和含有丰富的维生素、矿物质的日粮。应限制含粗纤维过多的饲料，注意添加剂的补充。

（2）饲养制度的过渡。仔猪断奶后半个月内，每天饲喂的次数比哺乳期多1～2次。这主要是加喂夜食，以免仔猪因饥饿而不安。每次喂量不宜过多，以七八成饱为度，使仔猪保持旺盛的食欲。仔猪采食大量饲料后，应供给充足的清洁饮水，以免供水不足或不及时，仔猪饮用污水或尿液而导致下痢。

（3）环境过渡。仔猪断奶的最初几天，常表现出精神不安、鸣叫，寻找母猪。为了减轻仔猪的不安，最好将仔猪留在原圈，也不要混群并窝。到断奶7～10天后，仔猪的表现基本稳定时，方可调圈并窝。在调圈分群前3～5天，使仔猪同槽吃食，一起运动，彼此熟悉；然后再根据性别、个体大小、吃食快慢等进行分群，每群多少视猪圈大小而定。应让断奶仔猪在圈外保持比较充分的运动时间，圈内也应清洁干燥、冬暖夏凉，并且进行固定地点排泄粪尿的调教。

（4）应用微量元素。微量元素的需要量很少，但对猪的生长发育影响很大。微量元素中，铜有较突出的促生长作用。每吨配合饲料中添加30～200克铜，可使猪保持较高的生长速度和饲料利用率。通常使用易溶于水的硫酸铜和氧化铜。市场上出售的生长素，不仅含有适量的铜，还含有适量的锌、铁、锰等微量元素。在使用生长素时，要严格按照使用说明中的用量饲喂，若超量饲喂将会引起仔猪中毒。

89 仔猪断奶后为什么容易发生腹泻？

仔猪断奶后，离开母猪，不再吃母乳，由于环境发生变化，易烦躁不安，寻找母猪，食欲减退。因过度饥饿后过量采食饲料，加重胃肠的负担，导致消化机能紊乱，引起腹泻。

90 怎样预防断奶后仔猪腹泻？

（1）仔猪断奶前 5 天开始给母猪减料。由于饲料的减少，母猪的泌乳量相应逐渐减少，促使仔猪四处寻找饲料，此时要注意补好料。

（2）定时定量，以少给勤添为原则。断奶后 1～2 天内，仔猪的日给料量为 0.4～0.6 千克，以后逐渐增加。

（3）适当控制采食量。对个别仔猪出现腹泻，可以控制给料量，全窝出现腹泻，可减少给料次数或给料量。

（4）饲料中添加抗生素或益生素，如磺胺类药物等以预防肠道感染，舍内撒些炉灰或接生粉，保持干燥卫生。

（5）冬季给仔猪饮温水，夏季饮凉水，水要洁净。

（6）控制好圈内温度。断奶一周内舍温一定提高至 30℃左右，减少应激，提高抗病力。

91 如何使仔猪安全过冬？

（1）注意猪群大小。仔猪断奶后需要转群、分群和并群。转群最好原窝转群，分群和并群应视猪的大小合理安排，一般每群以 10 头左右为宜。当温度下降到 10℃时，仔猪就会上垛打堆，一个仔猪群头数越多，堆垛越高，弱小的仔猪就会被压在底层造成死亡现象。因此，要及时增添优质饲料，最好每晚增喂一次饲料，仔猪吃得饱，御寒能力会强一些。

（2）保持猪舍温暖。猪舍应背风向阳，夜间应用秸秆遮挡门窗，防止冷风侵入，舍内要勤清粪便，多铺垫草，有条件的可设取暖设备，保持猪舍温度在 10℃以上。有条件的猪场要控制在 20℃以上。

（3）改单养为群养。适当增加饲养密度，对仔猪有好处。一是符合猪的生活习惯，互相争食，吃得饱，增重快；二是可互相取暖；三是不同质量饲料搭配，可节省饲料，降低成本，一般每圈不少于 7～10 头为宜，最好在原圈舍喂养。

92 什么是断奶仔猪原圈（原床）培育技术和原群断奶技术？

在断奶时实行去母留仔的母仔分离方式，使用高床分娩栏的产房，把仔猪留在原来的产仔床（分娩栏）；使用地面圈舍产仔的产房，把仔猪留在原来的圈舍。留下来的仔猪在原来的环境中继续饲养 5～7 天，做到离母不离床或离母不离圈。如果断奶仔猪在窝间调动，则新组成的小群也应留在原来的猪舍中培育，做到离母不离舍。原圈（原床）培育的仔猪继续使用断奶前的饲料，继续由原来的饲养员进行饲养管理。这种不改变仔猪断奶前后生活环境的办法，能够有效减少仔猪的断奶应激。

如果实行一次性断奶，每窝的断奶头数充足，并且猪舍的周转使用没有障碍，断奶仔猪可实行原群培育，保持原有的群体组成不动，或者在断奶后的 7～10 天内不拆群并群，以保持猪群的稳定。原群断奶技术如果和原圈（原床）培育技术结合起来实施，可进一步减少仔猪的断奶应激。

93 自由采食的饲喂方法有哪些优缺点？

如果采用自动采食箱（槽）饲喂，可把一天或几天的饲料放入箱内，让猪自由采食，不加限制。饲料放入箱中的量，应视箱的大小、猪数多少、天气潮湿情况而定。如果没有自动采食箱，可在一般的饲槽内加料，但每次加料量不能太多，要少量勤添，既保持饲槽内经常有饲料，又不能一次添加饲料过多，以免造成饲料浪费。

自由采食的优点：

（1）由于断奶仔猪不断采食，可以充分发挥其生长潜力，提高日增重。

（2）无论断奶仔猪什么时间饥饿都可及时吃到饲料，减少了拥挤抢饲料现象，从而可大大提高饲养密度。

（3）由于不需按顿饲喂，减少了工序，节省了劳动力。

（4）在猪群较大时，身体弱小的猪也能吃到饲料并吃饱，减少弱小猪的出现，使猪群生长发育整齐。

自由采食的缺点：

（1）如果自由采（补）食槽设计得不合理，就会使饲料撒落到地上，造成饲料浪费，增加饲养成本。

（2）需要一定的饲养设备条件，如自动采食箱（槽）和自动饮水器等。

（3）由于自由采食需要食槽中常有饲料，为了避免饲料变质和发酵，只能采用干粉饲料和颗粒饲料。这样，必须充分地供给清洁的饮水。

94 限量饲喂的饲喂方法有哪些优缺点？

限量饲喂是将饲料限制在一定的数量范围内，分顿次饲喂。一般采取定时、定量、定质的方法。定时就是每天按固定时间饲喂，每天最好饲喂 5 次以上；定量就是固定每天、每次饲料的喂量，给量稳定，不能时多时少，按断奶仔猪生长需要逐渐增加喂量；定质就是要求饲料的种类和品质要稳定，即饲料的种类不应变动太大，应有计划地逐步增减，并应确保饲料卫生、无毒，严禁用霉烂变质饲料喂猪。

限量饲喂的饲喂次数应根据猪的生理特点，猪的大小，饲料的种类、质量和环境条件等确定。猪越小其胃肠容积越小，饲料在胃肠内停留的时间较短，而且每次吃的饲料也不能太多；加之机体代谢又非常旺盛，易饥饿，所以要多喂几次。饲喂的次数还应根据饲料的种类而定。假如用高能量高蛋白质的精饲料喂断奶仔猪，可延长其对饲料的消化、吸收时间，同时也能满足营养需要，故可适当延长饲喂间隔时间和减少饲喂次数，但每天最少也不应低于 5 次；如用干物质含量较少的青绿饲料喂断奶仔猪，则应多喂几次。

限量饲喂的优点：可避免饲料浪费，断奶仔猪吃多少给多少，减少了剩料和浪费现象发生，可以利用部分优质青绿多汁饲料等。

限量饲喂的缺点：由于饲养技术水平不一样，掌握猪的生长需要量有一定困难，往往可能限制猪的生长潜力的发挥；在猪群较大时，可能出现强欺弱现象，使体弱的猪吃不饱，影响猪群发育的整齐度，甚至会出现落脚猪或僵猪；猪限量饲喂比自由采食饲喂生长速度慢，费时费工，加大成本，同时增加了饲喂时因争食产生的应激。

95 断奶仔猪饲料怎样调制好？

科学地调制饲料，对于提高饲料利用效率，降低生产成本有重要意义。饲料调制的目的是缩小饲料的体积，增加饲料适口性，有利于饲料的消化、吸收，提高饲料利用效率。青绿饲料多经切碎、打浆后与精饲料混合一起饲喂；粗饲料粉碎后浸泡、发酵饲喂；精饲料粉碎后可干粉饲喂、湿拌饲喂和加工成颗粒饲料饲喂。

（1）青绿饲料调制。在精饲料比较缺乏而青绿饲料较丰富的地区，在适当延长猪生长期的情况下，可以适当地应用青绿饲料喂猪，将精、青饲料合理搭配，以青绿饲料代替部分精饲料。一般精、青饲料的比例以 1∶1 较好。青饲料喂猪应选择营养价值高的品种，如黄河流域及其以北地区的苜蓿，长江流域及其以南地区的各种绿肥草，水生饲料如水浮莲、水花生等，温带地区的红三叶、白三叶等。

（2）精饲料调制。一般调制成水稀饲料、湿（潮）拌饲料、干粉饲料和颗粒饲料。这四种饲料的调制都是在混合饲料或配合饲料基础上进行的。

①水稀饲料。料与水的比例一般为 1∶（4～6）。这种方法多适用于农村一家一户养猪。由于水的比例不一样，又分为稠饲料和稀饲料。实践证明，稠饲料喂猪比稀饲料好。

②干粉饲料。将饲料粉碎后，按一定比例混合或配合，呈干粉状饲喂。猪吃干粉饲料无论是日增重还是饲料利用效率均比水稀饲料好。体重 30 千克以下的猪，饲料粉碎细度以颗粒直径为 0.51 毫米为宜，过细不利于吞咽，影响食欲。

③湿（潮）拌饲料。料与水比例为 1∶（1～1.5）。这种方法

介于水稀饲料和干粉饲料之间，干物质的含量比水稀饲料多，而又不像干粉饲料那样难于吞咽，适口性好，猪吃得快、采食多，相对生长快。

④颗粒饲料。用颗粒机将配合好的饲料加水挤压制成颗粒饲料。小猪的饲料颗粒大小一般为3～5毫米粗，5～10毫米长。颗粒饲料的优点是便于投食、损耗少、易于保存、不易发霉。试验证明，颗粒饲料在猪的增重和饲料利用效率方面都优于干粉饲料，吃颗粒饲料的猪每千克增重的饲料消耗比干粉料降低0.2千克左右。但必须投入资金购买制粒机，在喂猪时必须供给充足的清洁饮水。

我国农村习惯将饲料煮熟后喂猪。该法除对消除一些豆类和其饼类、薯类等饲料所含毒素有一定好处外，对大量的谷物饲料无益处。大部分饲料煮熟后不但降低营养价值，造成饲料浪费，而且使用大量燃料，浪费能源，增加饲养成本。青绿饲料煮熟时，由于方法不当，容易造成亚硝酸盐中毒，且破坏维生素成分。随着养猪生产的不断发展，尤其是商品肉猪的大力发展，专业化、规模化养猪场大量出现，饲喂方法也发生了很大的变化，生饲料喂猪逐渐代替了传统的熟食喂猪。

生饲料喂猪的优点：①能节省燃料或能源，降低饲料成本。②可减少劳动力投入，提高劳动生产率。③可避免由于加热使饲料部分营养成分遭到破坏。④可提高饲料利用率。⑤青饲料生喂，可减少由于焖煮引起的亚硝酸盐中毒，有效补充维生素。

96 温度怎样影响猪的健康和生产力？

空气温度是影响猪只健康和生产力的重要因素。猪是恒温动物，无论在严寒的冬季，还是酷热的夏季，都能通过自身的调节作用来保持体温的恒定。

（1）猪的体温调节。在神经系统控制下，通过物理形式散发和化学形式进行调节。当环境温度较低，猪感到寒冷时，通过神经控制增加体内热量和缩小散热面积，保持体温恒定，这是物理性调节；与此同时，猪的采食量增加，代谢作用增强，把食物中的化学能转变为热能，保持体温恒定，这是化学性调节。

猪的体温调节随环境温度变化而变化。当环境温度过低时，猪体就加快食物化学能向热能的转化；环境温度过高时，猪体就延缓食物化学能向热能的转化。据测定，体重10千克的猪，要求适宜的环境温度是25℃，如温度下降1℃，每千克体重要多消耗0.6克的饲料。环境温度下降越多，猪体用于保持体温恒定和增重所消耗的饲料也就越多。

（2）猪的适宜环境温度。猪体的产热与散热是对环境的一种调节手段，因此，当环境温度适宜时，最容易保持体温正常，猪体产热最少，散热也最少，所摄取的营养物质能够最有效地用于形成产品，饲料的利用也最为经济。

由于猪的品种、年龄、体重、饲养管理方式、个体的适应能力等方面的差异，所要求的环境温度也不尽相同。

（3）温度对猪的影响。猪所采食的能量饲料除用于正常活动的消耗外，在有多余的情况下，才用于生产产品。过低和过高的环境温度，都会使猪只的耗料量增加和生产力下降。

①气温对增重和饲料利用效率的影响。事实证明，猪在适宜的温度条件下，饲料利用率高、增重快，每增加1千克体重，需3～3.5千克饲料。当温度上升到35℃以上或下降到－10～－5℃时，由于饲料利用率降低，增重减慢，导致每增加1千克体重需消耗饲料7～8千克，比在适宜温度下多消耗1倍的饲料。如果这种低温或高温持续1个月的时间，就会浪费饲料50～60千克。一般猪舍的适宜温度：哺乳仔猪25～30℃，育成猪20～23℃，成年猪15～22℃。

②气温对仔猪每日耗乳量的影响。气温低则耗乳量大。

③气温对猪体内氮代谢的影响。将2周龄的仔猪分别置于不同气温条件下进行测定，以25～30℃时氮的沉积率最高。

97 湿度怎样影响猪的健康和生产力？

空气潮湿的程度，即空气中含有水蒸气的量叫空气湿度。

（1）湿度与猪的体热调节。当空气温度处于适宜范围时，空气湿度对猪的体热调节影响不太显著。在高温环境中，机体主要靠蒸发散热，如处在高温高湿情况下，因空气湿度大而妨碍了水分蒸发，猪体散热就更为困难。在低温环境中，猪体主要通过辐射、传导和对流方式散热，如处在高湿情况下，因被毛和皮肤吸附了空气中的水分，提高了导热系数，降低了体表的阻热作用。所以，低温高湿情况下较低温低湿情况下散发的热量显著增加，使猪感到更冷。总之，无论环境温度偏高或偏低，当湿度过高时对猪的体热调节都不利。

（2）湿度对猪体的影响。湿度过高或过低对猪的健康和生产力都有不良的影响。

①影响猪的生长发育。据在空气温度相同（12～14℃）而湿度不同（65%～70%，80%～85%）猪舍中进行的试验，30 日龄仔猪体重在相对湿度高的情况下比在相对湿度低的情况下少 2.46 千克，增重速度低 34.1%。

在干燥明亮猪舍中饲养的母猪比在潮湿阴暗猪舍中饲养的母猪产仔数提高 23.1%，仔猪断乳窝重提高 18.1%。

据报道，相对湿度由 65% 升高到 95% 时，猪的日增重下降 6%～8%。

②影响猪的健康。高湿有利于各种病原菌的生存和繁殖，仔猪副伤寒、仔猪下痢、疥癣和其他寄生虫病都很容易蔓延。据报道，大雨过后，空气的日温差在 10℃ 以上，相对湿度增加 20% 左右时，下痢的仔猪数量增加 18 倍。资料证明，两栋同样的双列封闭式猪舍，一栋猪舍的相对湿度为 75%，无一头仔猪下痢；另一栋猪舍的相对湿度为 90%，下痢的仔猪占仔猪总数的 11%。

在高温高湿情况下，饲料、垫草易发霉变质。低温低湿易引发猪的呼吸道疾病、感冒和风湿病等；在低湿高温情况下，空气干燥，水分蒸发快，因缺水易使猪的皮肤和外露黏膜干裂。

③猪舍适宜的相对湿度。湿度和温度是一对重要的环境因素，

互相影响，同时作用于猪体。仔猪舍中适宜的相对湿度为60%～75%。

98 光照怎样影响猪的健康和生产力？

适宜的光照无论是对猪只生理机能的调节，还是保持猪舍的卫生均有重要作用。适度的太阳光照射对猪只有良好的作用。照射可使辐射能变为热能，使皮肤温暖，毛细血管扩充，加速血液循环，促进皮肤的代谢过程。同时，阳光中的紫外线能使皮肤中的7-脱氢胆固醇变成维生素D，调节钙、磷的代谢。圈舍被太阳光照射，可抑制部分病毒、病菌的生存和繁殖，减少某些疾病发生的机会。但过度的太阳光照射也不利于机体对热的调节。

99 饲养密度对环境有什么影响？

采取集约方式饲养管理的猪场，由于猪只密度大，相互干扰，会对猪的繁殖、生长和饲料利用效率产生一定的影响。在封闭式猪舍中，如果通风条件差、饲养密度大，猪的呼吸及排泄物的腐败分解，可使空气中的氧气减少、二氧化碳增加，并产生大量的氨、硫化氢和甲烷等有害气体及臭味，对猪的健康和生产力都有不良影响。圈养密度不仅影响猪的群居行为和舍内的小气候，而且也影响猪的生产力。密度过大，可使舍内温度增高，猪的增重速度降低；密度过小，可使猪的体热散失增加，从而增加饲料用量，降低饲料利用效率。

合理的饲养密度：保育猪每头所占面积为0.3～0.4米^2，每栏10～13头；育肥猪每栏饲养10～15头，每头占栏面积：体重30～50千克阶段为0.45米^2/头，51～100千克阶段0.8米^2/头为宜。

七、保育期仔猪培育技术

100 保育期仔猪有哪些特点？

保育期仔猪具有快速生长发育的生产潜力和高效的饲料转化率。断奶顺利的仔猪在断奶后仍可保持 200 克左右的日增重，生长发育良好的仔猪在保育期的日增重可超过其自身体重的 5％，最高的可达到 7％以上。该时期仔猪骨骼、肌肉和各脏器的生长发育十分迅速，而体内脂肪的增长和储备量很少，饲料的转化率很高，处于饲料的投入回报率最高的时期。如果保育期的生长发育受挫，种用仔猪将降低其种用价值，肉猪将明显推迟出栏时间，导致生产效益下降。

101 为什么保育期的仔猪容易患病？

保育期仔猪体质稚嫩脆弱，易于患病，是猪病较为多发的时期。

（1）仔猪对环境的适应性差，对环境和饲料的变化很敏感，环境和饲料的异常变化容易引发疾病或降低仔猪的生产性能，尤其在大规模、大群体、高密度和封闭式的饲养方式下，仔猪的抵抗力下降，应激性疾病增多。

（2）保育期仔猪体内的母源抗体已经降得很低或基本消失，失去了被动免疫力的保护，而此时仔猪的主动免疫水平很低，成为传染性疾病的易感猪群。疾病容易在仔猪群中迅速地水平传播，容易发展成为群发性疾病。

（3）仔猪在哺乳期受到垂直感染的某些潜在疾病，到了保育期则有可能发展为显性感染而呈临床暴发性疾病。

102 断奶到7周龄的仔猪的饲料有什么要求？

断奶后至7周龄左右、体重达12～15千克的仔猪，饲料的主要营养成分应是：消化能13～15兆焦/千克，粗蛋白20.5%～21.5%，赖氨酸1.1%～1.3%，钙0.8%～0.9%，有效磷0.45%～0.56%，铁200毫克/千克，锌150毫克/千克，铜150～200毫克/千克，维生素A 10 000～14 000国际单位/千克，维生素D 2 200国际单位/千克。

本阶段饲料的营养水平大体上为乳猪料的水平。但是，在这个营养水平的基础上，根据不同的断奶日龄，饲料的内在品质有明显的差别，低日龄（4周龄或3周龄以下）断奶时，饲料中豆粕、豆饼的比例降低，相应提高了鱼粉、乳清粉、血浆蛋白粉和血细胞蛋白粉的比例，饲料中的酶制剂、酸化剂、生长促进剂和保健药物的含量都有不同程度的提高。若饲料中优质的、可消化蛋白的比例更高，必需氨基酸的比例更趋合理时，粗蛋白的含量可保持较低的水平，这样不但可以避免浪费，而且可以减少仔猪腹泻的发生。

为避免发生严重的断奶应激反应，本阶段的初期应当继续使用断奶之前的饲料。低日龄断奶的仔猪，断奶1～2周可以把饲料更换为价格低廉一些的饲料；30～35日龄断奶的仔猪可以直接延续使用断奶之前的乳猪料。由于本阶段饲料属于复杂的配合全价料，一般的养猪场和养猪户难以独立配制，应当寻求可靠的饲料厂家供应。

103 50日龄以上的断奶仔猪饲料有什么特点？

50日龄以上断奶的仔猪可使用小猪料，其主要营养成分是：消化能13.85兆焦/千克，粗蛋白17.8%～19%，赖氨酸1.11%，钙0.86%，有效磷0.36%，铁150毫克/千克，锌120毫克/千克，铜 150 毫克/千克，维生素 A 10 000 国际单位/千克，维生素 D 2 200 国际单位/千克。

本阶段饲料可大量使用豆粕豆饼，不需添加乳清粉、血浆蛋白粉、血细胞蛋白粉和酸化剂等，饲料的原料构成比较接近于中猪饲料，制作工艺比较简单和大众化。一般的猪场和养猪户可以购入预混料或浓缩料，同时购入合格的大宗原料，按照要求自行配制。

此阶段的小猪料应当使用到仔猪体重达 30 千克左右，届时仔猪一般已转入中猪阶段饲养。在仔猪到中猪的转群过程中，仍遵循环境改变、饲料不变的原则，在转入中猪舍的最初阶段仍然使用小猪料一段时间，然后再更换为中猪料。

104 仔猪批量化生产怎样实行全进全出？

仔猪进入培育舍之前，原来饲养的仔猪必须全部转走。转入培育舍的仔猪应是来自于同一批产仔的母猪，仔猪的日龄差异在 7 天之内为宜，不同批次的仔猪不能混养。到保育期结束时，如果多数仔猪不能达到转群标准，应当推迟转群或启用机动仔猪培育舍；如果少数仔猪不能达标，可将它们转入机动猪舍饲养，对其中失去饲养价值的仔猪进行淘汰处理，而不能留下与新入舍的仔猪混养。

105 什么是仔猪原群培育技术？

原群断奶的仔猪进入培育舍时仍然保持原有的群体不变，使仔猪免受重新组群的应激，对仔猪的生长发育更加有利。实现仔猪原群培育的前提是母猪群的高产性能较为一致和整齐，每窝断奶仔猪的头数都能达到 10 头上下或都能保持在 8 头以上，在这种情况下，保育期仔猪就可以实现小群体的原群培育。个体的母猪饲养户比较容易实现仔猪的原群培育；规模大一些的养猪户和猪场可以部分实现原群培育；具有一定规模的猪场，由于受到猪舍建设和生产模式设计的限制，仔猪的原群培育比较难以实施。

106 仔猪的分群饲养技术怎样操作？

多数猪场都需要打破仔猪原来的群体，重新分群。合理的分群管理使猪群结构均衡，内部和谐，仔猪受到的不良刺激少，应激小，有利于仔猪的快速生长和提高饲料利用率。正确的分群应当尽可能减少群体内的个体差异，尽量把日龄和体重相同或相近、体质和健康水平相当的仔猪组成新群体，切忌将大小强弱有明显差别的仔猪组成新群体。分群时应将种用仔猪和肉用仔猪分开，避免混养，有利于对种用仔猪进行更加细致的管理。为便于管理，在同一栋猪舍内，可把饲养种猪的圈栏集中在一起；可根据仔猪大小强弱的不同，按一定的顺序来安排使用圈栏，把体弱需要更多照顾的仔猪集中安排在同一个区域。

107 为什么要稳定仔猪的群体结构？

仔猪进行合理分群后，不要经常和随意变动猪群的结构。在新组成的猪群中，仔猪间会出现争斗咬架的现象，但在一两天之内会趋于平息，而且经过剪牙处理的仔猪即使咬斗也不会造成严重的后果。但如果多次改变猪群的组成，则频繁发生的咬斗会明显影响仔猪的生长发育和饲料的利用率。仔猪分群后，在饲养的过程中可能出现一些病、残、弱的仔猪，可以把这些弱势仔猪挑出来，放入隔离圈栏饲养。因此，在仔猪进入保育猪舍的初期，就应当留出机动圈栏，不可一次把全部圈栏都占满。

108 保育期仔猪生活定位如何调教？

在使用地面圈舍时，应调教新转入的仔猪养成定点排泄粪便的习惯，形成睡卧区、采食区、排泄区三区定位，可使猪舍的卫生状况得到明显改善。为此，在仔猪刚转入时，可将仔猪赶至粪沟区域稍作停留，让仔猪最初的粪便排泄在粪沟区域并暂时不进行清扫，仔猪最初几天在采食区和睡卧区排泄的粪便则应及时清扫；在最初几天的夜间应每夜唤醒仔猪1～2次，将其驱赶至粪沟区域排泄粪便。经过训练，一般都能使仔猪养成生活定位的习惯。

109 如何为仔猪提供消遣玩物？

在猪舍内设置一些供仔猪消遣用的玩物，如悬挂经过消毒的铁链或废旧车外胎等，可以分散仔猪的注意力，增加猪仔的乐趣，减少仔猪之间的咬斗攻击行为，明显降低行为性疾病的发生。

八、仔猪疾病的综合性防治技术

110 饲料中禁止添加抗生素是好事吗？如何应对？

2019 年，农业农村部发布第 194 号公告，要求自 2020 年 7 月 1 日起，饲料生产企业停止生产含有促生长类药物饲料添加剂（中药类除外）的商品饲料。此前已生产的商品饲料可流通使用至 2020 年 12 月 31 日。

对于消费者来说，食物里没有抗生素残留是好事。食物中残留抗生素不仅增强了细菌耐药性，还损害人体健康。退出药物饲料添加剂，将大大减少肉类产品药物残留，提高产品质量，有利于保障食品和公共卫生安全。

对于生产者来说，则增加了饲养管理的难度。但也不是离开抗生素就养不好猪的。禁用促生长类药物饲料添加剂在养殖行业是一个大趋势，有利于促进养殖企业实施精细化管理，把环境卫生、饲养管理和维系免疫平衡作为重中之重，利用管理手段提高肉类产品质量，促进行业高质量发展。

111 仔猪疾病防治需遵守哪些原则？

（1）检疫和防疫记录。规模猪场应设兽医化验室，有兽医技术人员专门负责生物安全措施的执行。对猪群健康状况定期检查；收集分析猪群中常见病及发病状况的资料；监测各类疫情和防疫措施的效果；对猪群健康水平做出综合评估。检疫与疫病监测的主要任务是对疫病发生的危害度进行预测预报，这是开展疫病净化的基础。做好接种疫（菌）苗种类、免疫剂量、免疫时间的原始记录，并记录每次接种后的临床表现情况，如发病日龄、发病头数、发病种类、发病率、病死率、治疗及扑灭措施等。

（2）药物预防。除了部分传染性疾病可使用疫（菌）苗注射来加以预防外，许多传染病尚无疫（菌）苗或无可靠疫（菌）苗用于预防，使一些在临床上已有发生而不能及时确诊的传染性疾病蔓延，甚至造成大面积暴发流行。因此，必须对整个猪群投喂药物，进行群体预防和控制。药物选择与使用原则为低残留、高效、不超量、不超疗程，严格执行休药期。

（3）治疗要精益求精。虽然以预防为主，治疗为辅，但是，一旦发生疾病，首先要及时隔离观察，尽快确诊。确诊后及时治疗，精心护理，要早发现、早治疗，力争把疾病消灭在萌芽状态。用药要合理，剂量要适中，剧毒性药品要慎用。根据具体情况选择合理的用药途径，要严防药品浪费。对无治疗价值和治疗无效的病弱猪，要及时淘汰。

（4）疫情扑灭与上报。一旦发生疫情，应及时隔离、确诊，采取有效的消毒措施。如确诊是发生了一类传染病（如猪瘟、口蹄疫等），应在 24 小时内及时上报所在地兽医部门，由上级部门统一处理。

112 **什么原因会造成仔猪死亡？**

（1）疾病性死亡。死于各种传染病（如猪瘟、猪丹毒、仔猪水肿病等）、普通病、中毒病，要做好保健预防，及时对症下药，可减少或避免仔猪死亡。

（2）非疾病性死亡。冻死、中暑、被母猪压死、争斗咬伤死亡或其他意外死亡。要给仔猪提供一个安全舒适的环境，可减少或避免该类死亡。

113 **仔猪死亡与日龄、初生重有什么关系？**

一般情况下仔猪日龄越小，躲避危险的能力越差，抵抗风寒等不良因素的能力越差，自身抵抗力也差，发病率和死亡率越高。压死、冻死往往发生于1周龄内的仔猪，断奶后（28日龄）由于环境应激和母源抗体水平降低，换料应激（本身酶区未完全建立和肠道菌群平衡失调）易导致发病死亡。随着日龄增长，自身躲避危险能力和抵抗力增强，死亡率较低。一般28日龄前死亡率为2%，28日龄断奶后至70日龄死亡率低于1%，70日龄至150日龄死亡率低于1%。

初生重越大，表明仔猪越健壮。低于平均体重（1.5千克）的仔猪发病较多，体重高于1.5千克的仔猪发病率低，死亡率也低，因此要根据妊娠母猪的需要，科学合理搞好饲养管理，以提高仔猪的整齐度和获取较大的初生重，减少弱胎率，提高整窝的健康水平，降低发病率和死亡率。

114 常常造成仔猪死亡的疾病有哪些？

造成仔猪死亡的疾病与生长阶段有关：1周龄内，黄、白痢，链球菌病；1～2周龄，传染性胃肠炎、流行性腹泻；2～3周龄，巴氏杆菌病；4～6周龄，蓝耳病（繁殖与呼吸障碍综合征）、副嗜血杆菌病、Ⅱ型链球菌病；6～9周龄，猪瘟、猪流感、伪狂犬病、支原体病、圆环病毒病；9～12周龄，圆环病毒病、猪丹毒、传染性胸膜肺炎；24周龄，猪细小病毒病。

115 疾病的发生和猪只死亡有规律吗？

（1）仔猪发病规律。当前，猪病的发生规律呈现以下特点。

①原有疫病仍然存在。原已被控制的传染病，如猪瘟等仍然存在，并有扩散之势。

②新疫病不断增多。由于引种时缺乏有效的检测手段，致使一些疫病随引种传入，如猪繁殖与呼吸综合征、伪狂犬病、细小病毒病、乙型脑炎、圆环病毒病、猪增生性肠炎等均已在国内由零星发生发展到局部扩散，可能会给养猪业造成很大的危害。

③非典型疫病出现。如非典型性猪瘟可通过胎盘在母猪、仔猪

间传播，已成为当前猪瘟流行的一种新形式，可造成母猪繁殖障碍。

④多病原混合感染现象越来越严重。目前，猪发生的疾病多为混合病原感染。如仔猪腹泻，通常是仔猪黄痢、白痢、传染性胃肠炎、猪流行性腹泻等病的病原混合感染加上环境因素影响而引起。这给诊断和防治带来了一定的困难。

⑤繁殖障碍综合征普遍存在。外种猪的繁殖障碍综合征在各养殖场普遍存在，现已证实与该综合征有关的疫病达 30 种以上。当前，我国部分地区危害较大的主要有非典型猪瘟、猪繁殖与呼吸综合征、细小病毒感染、伪狂犬病、乙型脑炎、衣原体病以及霉菌毒素中毒等。

⑥某些细菌病和寄生虫病的危害加重。随着养猪规模不断扩大，一些细菌病和寄生虫病也明显增多。如大肠杆菌、猪链球菌、附红细胞体、疥螨、球虫等病原广泛存在于养猪环境中，并通过各种途径传播，现已成为养猪场常见病原。

⑦猪呼吸道疾病影响日益突出。特别是保育猪和育肥猪呼吸道病日益严重且不易控制，如猪气喘病、传染性胸膜肺炎、猪繁殖与呼吸综合征、伪狂犬病、猪圆环病毒病等疫病，使得猪呼吸道病情加重，且较难被控制。

⑧免疫抑制性疾病危害逐渐加大。常见的免疫抑制性疾病主要有温和性猪瘟、伪狂犬病、猪繁殖与呼吸综合征、猪流行性感冒、猪 II 型圆环病毒病、霉菌毒素中毒等，它们除可直接危害猪体外，还可造成机体免疫抑制，引起疫苗接种时的副作用增大，并可能导致免疫失败。

⑨营养代谢病和中毒性病症增多。饲料配合不当或储备存放时间过长，营养损失，维生素、微量元素等缺乏导致猪机体的营养代谢紊乱；饲料中霉菌毒素含量超标，农药、添加剂过量使用以及鼠药等引起的中毒，在部分养猪场（户）中时有发生。

（2）猪只死亡规律。猪的非严重传染病死亡有明显的规律性，即在生长过程中有多个明显的"死亡高峰期"，简述如下。

①猪胚胎死亡规律。据报道，猪胚胎的非传染病性死亡有 3 个高峰期，即妊娠 6～9 天，胚胎死亡 22%；妊娠 13～18 天，胚胎死亡 28.4%；妊娠 26～40 天，胚胎死亡 34.8%。死亡原因有母猪妊娠期间营养不全；气温过高，妊娠初期如气温高达 32～39℃，可导致胚胎大量死亡；近亲繁殖，近交系数为 37.50% 时，死胎率可高达 17.54%。

预防措施：加强母猪妊娠前期的营养供给，特别要供给充足的维生素和矿物质；猪妊娠的第一个月内，舍温要保持在 28℃；建立健全猪群档案制度，杜绝近亲繁殖。

②仔猪死亡规律。

a. 能量不足。仔猪从初生到断奶这一阶段死亡较多。从出生后 2～3 天开始，至第 7 天达死亡高峰，死亡率 15%～20%。

死亡原因：仔猪自身储存的主要能量来源很少，当得不到及时补充时，就会严重影响生命活动甚至导致死亡。

预防措施：给仔猪内服"仔猪保命油"（又名"命之宝"）是最有效的办法。该制剂主要含中链甘油酯和免疫球蛋白，前者为速效能源剂，后者为免疫增强剂。初生仔猪口服 2 毫升；以后体弱者每日每头猪口服 4 毫升，连服 7 日；体壮者隔日服 4 毫升，共服 4 次，可提高仔猪育成率 7.6%～22.2%。

b. 缺铁。初生仔猪生长发育快，需铁较多，但仔猪本身铁储量较低，母乳含铁量少，不能满足仔猪对铁的需求，因得不到及时补充发生贫血致死，死亡率约 14%。

预防措施：仔猪出生后 24 小时，肌内注射血多素 1 毫升，可补充足够的铁，杜绝因缺铁导致的贫血。

c. 缺碘。主要发生于缺碘地区，母猪缺碘严重，影响胎儿正常发育，使胎儿患先天性缺碘病，仔猪出生时周身无毛，生长缓慢，生命力低下，极易死亡。

预防措施：母猪妊娠及产后哺乳期间，每日每头猪饲料中添加含碘食盐 2～8 克。

d. 饥饿。因母猪初配年龄过小，乳腺发育不健全，或母猪妊娠期内营养严重不足，导致产后少奶或无奶，而管理者又未及时采取相应措施。

预防措施：母猪初配年龄不可过小；加强母猪妊娠期饲养，充分满足母猪维持消耗、胎儿生长发育及产后泌乳的需要；安排其他母猪代哺；用人工乳哺喂；给母猪喂增乳饲料；给母猪应用催乳药物。

e. 意外死亡。仔猪意外死亡常见原因为被压死或冻死。压死主要发生于1周龄以内的仔猪，因母猪母性不强、肥胖笨拙，或仔猪体弱行动迟缓等原因造成。冻死主要发生于冬春季节母猪分娩时，由猪舍保温不良造成。

预防压死仔猪的措施包括加强监护产仔，仔猪出生后及时处理并放于产仔箱内；加强巡视，遇有仔猪被压尖叫，立即给予救助。

预防冻死仔猪的措施包括在母猪分娩时，猪舍保持最佳温度23～25℃；供给充足的柔软垫草；北方高纬度地区可建火炕；条件优越者，可安装红外线灯。

③育肥猪死亡规律。育肥猪死亡时间主要集中在14周龄和18周龄。

对于死亡原因，目前尚未有权威的解释，初步分析，系因此阶段育肥猪生长速度过快，引起体质下降，抗逆性减弱所致。

预防措施：以增强育肥猪体质，提高抗病力，预防多种疾病为根本措施。可在13周龄和17周龄的育肥猪饲料中添加"猪健素"，各连用1周。

116 为预防疾病，猪场应怎样免疫？

常见猪病的推荐免疫程序包括：

（1）后备公、母猪的免疫程序。

①配种前1个月肌内注射细小病毒疫苗和乙型脑炎疫苗，间隔3～4周加免。

②配种前1个月肌内注射伪狂犬病弱毒疫苗、蓝耳病疫苗，间隔3～4周加免。

③配种前 20～30 天肌内注射猪瘟、猪丹毒二联苗（或加猪肺疫的三联苗）、口蹄疫灭活苗，驱虫。

（2）初产、经产母猪免疫程序。

①空怀期。肌内注射口蹄疫灭活苗，猪瘟、猪丹毒二联苗（或加猪肺疫的三联苗）。

②初产猪肌内注射一次细小病毒灭活苗，以后可再不注射。

③开始的 3 年里，每年 3～4 月份肌内注射一次乙型脑炎疫苗，3 年后可不再注射。

④每年肌内注射 3～4 次猪伪狂犬病弱毒疫苗。

⑤产前 45 天、15 天，分别注射 K88、K99、987p 大肠杆菌腹泻菌苗。

⑥产前 45 天，肌内注射传染性胃肠炎、流行性腹泻、轮状病毒三联疫苗。

⑦产前 35 天，皮下注射传染性萎缩性鼻炎灭活苗。

⑧产前 30 天，肌内注射仔猪红痢疫苗。

⑨产前 25 天，肌内注射传染性胃肠炎、流行性腹泻、轮状病毒三联疫苗。

⑩产前 16 天，肌内注射仔猪红痢疫苗。

（3）配种公猪免疫程序。

①每年春、秋季各注射一次猪瘟、猪丹毒二联苗（或加猪肺疫的三联苗）。

②每年 3～4 月份肌内注射 1 次乙型脑炎疫苗，7～9 月份对种用公猪免疫第二次。

③每年肌内注射 2 次气喘病灭活菌苗。

④每年肌内注射 3～4 次猪伪狂犬病弱毒疫苗。

（4）其他疾病的防疫。

①口蹄疫。

常发区：a. 常规灭活苗，首免 35 日龄，二免 70 日龄，三免 120 日龄，以后每 3 个月免疫一次；b. 高效灭活苗，首免 35 日龄，二免 70 日龄，以后每 4 个月免疫一次。

非常发区：a. 常规灭活苗，每年 1、9 和 12 月份各免疫一次；b. 高效灭活苗，每年 1 和 9 月份各免疫一次。

②猪传染性胸膜肺炎。仔猪 6～8 周龄免疫一次，2 周后再加强免疫一次。

③猪链球菌病。

成年母猪：每年春、秋季各免疫一次。

仔猪：首免 10 日龄，二免 60 日龄，或首免出生后 24 小时，二免断奶后 2 周。

④蓝耳病。

成年母猪：每胎妊娠期 60 天免疫一次弱毒苗。

仔猪：14～21 日龄免疫一次弱毒苗。

成年公猪：每半年免疫一次弱毒苗。

后备猪：配种前免疫两次弱毒苗。

一个场不可同时使用 2 个厂家以上的蓝耳病弱毒苗。

117 生产中仔猪怎样免疫？

1 日龄：在猪瘟常发猪场，猪瘟弱毒苗应超前免疫，即仔猪生后在未采食初乳前，先肌内注射一头份猪瘟弱毒苗，隔 1～2 小时后再让仔猪吃初乳。

3 日龄：鼻内接种伪狂犬病弱毒疫苗。

7～15 日龄：肌内注射气喘病灭活菌苗、蓝耳病弱毒苗。

20 日龄：肌内注射猪瘟、猪丹毒二联苗（或加猪肺疫的三联苗）。

25～30 日龄：肌内注射伪狂犬病弱毒疫苗。

30 日龄：肌内或皮下注射传染性萎缩性鼻炎疫苗，肌内注射仔猪水肿病菌疫苗。

35～40 日龄：口蹄疫灭活苗、仔猪副伤寒菌疫苗，口服或肌内注射（在疫区首免后，隔 3～4 周再二免）。

60 日龄：猪瘟、猪肺疫、猪丹毒三联苗，二倍量肌内注射。

70 日龄：口蹄疫灭活苗二免。

118 猪场怎样制订免疫程序？

（1）参考的因素。我国经常流行的猪病有猪瘟（非典型猪瘟、繁殖障碍型猪瘟）、猪繁殖与呼吸综合征（包括经典及高致病性）、猪伪狂犬病、猪气喘病、猪弓形虫病、仔猪黄痢、仔猪白痢、猪附红细胞体病、猪传染性胃肠炎、流行性腹泻、猪链球菌病、渗出性皮炎、细小病毒病、猪萎缩性鼻炎、猪传染性胸膜肺炎、猪副嗜血杆菌病、猪流感。其中，猪瘟、猪繁殖与呼吸综合征（包括经典及高致病性）、猪伪狂犬病、猪气喘病、仔猪黄痢、仔猪白痢、猪传染性胃肠炎、流行性腹泻、猪链球菌病、细小病毒病、猪萎缩性鼻炎、猪传染性胸膜肺炎、猪副嗜血杆菌病都有国家批准的疫苗，包括进口、国产的疫苗，其余则只有国产或进口疫苗。

某些传染病在本猪场的危害程度、感染机会与感染率、发病率等也是制订免疫程序的重要考虑因素之一。国家强制免疫的一类传染病，感染机会大、一旦发生猪死亡率较高的传染病，以及感染率大，虽不引起猪的死亡，但对生产水平影响很大的疾病应优先考虑免疫。

疫苗保护率高的病毒病及感染率高的细菌病应该重点考虑。

对于新发现的疾病或有争议的疾病，疫苗免疫有可能给猪场带来隐患。因此，应在疾病监测的基础之上，慎重免疫。

（2）规模化猪场应该免疫的疾病。

①种猪。必须免疫的有猪瘟、细小病毒病、猪繁殖与呼吸综合征（包括经典及高致病性）、猪伪狂犬病。乙型脑炎及传染性胃肠炎、流行性腹泻于流行季节之前30天免疫。视情况进行链球菌病、大肠杆菌病、副猪嗜血杆菌病、萎缩性鼻炎、传染性胸膜肺炎等免疫。

②仔猪。必须免疫的有猪瘟、仔猪副伤寒、猪伪狂犬病、猪繁殖与呼吸综合征（包括经典及高致病性）、猪气喘病。视情况进行链球菌病、猪肺疫、猪丹毒、猪副嗜血杆菌病、萎缩性鼻炎、传染性胸膜肺炎等免疫。

③育肥猪场进猪必须补免的疫病：猪瘟、口蹄疫、伪狂犬病、

猪繁殖与呼吸综合征（包括经典及高致病性）。视情况补充进行链球菌病、猪副嗜血杆菌病、传染性胸膜肺炎等免疫。

④保育猪场进猪必须补免的疫病：猪瘟、口蹄疫、伪狂犬病、猪繁殖与呼吸综合征（包括经典及高致病性）。

119 买回的疫苗该怎样保存和管理？

疫苗选购后，一定要按照说明书记载的存放条件妥善保存。疫苗是生物制品，对温度要求很严格，切忌随便存放，否则将直接影响疫苗的使用效果。不同的疫苗，保存条件不同。一般情况下，真空冻干疫苗常在−18～−15℃保存，一般保存期2年；2～8℃保存时，保存期9个月。油佐剂灭活疫苗以白油为佐剂乳化而成，大多数病毒性灭活疫苗采用这种方法保存。该类苗中的油佐剂能使疫苗中的抗原物质缓慢释放，从而延长疫苗的作用时间。这类疫苗2～8℃保存，严防冻结。

疫苗保管人员在对储存疫苗的管理上，必须认真规范开启库门次数，坚持每日人工定期测温和不定期检查相结合，防止由于设备温度差异造成的损失；对于储有冻干苗的冰箱、冰柜及时进行维修保养，对于老旧冰箱及时进行更换；根据疫苗不同种类所需的温度及同种疫苗有效期各异的特点，合理摆放疫苗；注重疫苗的选择、运输、储存和使用过程中的每个细节，科学规范进行使用和操作；检测人员每月对疫苗进行效价抽查，按批次按厂家进行试验比对，既可以监测疫苗效价的动态变化，又可以筛选出品质优良的疫苗生产厂家。

120 执行免疫操作要注意哪些事项？

（1）使用前要了解当地是否有疫情，然后决定是否使用或用何种疫（菌）苗。

（2）使用时要认真阅读疫（菌）苗说明书，检查瓶口、胶盖是否密封，对瓶签上的名称、批号、有效期等做好记录。过期的、冻干苗失真空的、瓶内有异物等异常变化的疫（菌）苗不能使用。

（3）稀释疫（菌）苗及接种疫（菌）苗的器械用具，使用前后必须洗净消毒。

（4）疫（菌）苗稀释后要充分振荡药瓶，吸药时在瓶塞上固定一个专用针头，并放在冷暗处。如用注射法接种，每头猪须换一个消毒过的针头。稀释或开瓶后的疫（菌）苗，要在规定的时间内用完。

（5）口服菌苗所用的拌苗饲料，禁用酸败发酵等偏酸饲料，禁热水、热食，以免失效。

（6）同种疾病通过免疫两次来增强免疫效果的，两次免疫间隔时间一般以21天左右为好，过早不能建立良好的免疫记忆；间隔时间过长，则免疫记忆消失。如果用弱毒苗与灭活苗联合免疫，原则上应先用弱毒苗作基础免疫，灭活苗作增强免疫为好。

（7）一般情况下尽可能避开两种疫苗同时免疫，不同疾病免疫的间隔时间以7天以上为好。有较强免疫抑制作用的疫苗间隔时间应更长，务必仔细阅读说明书或请有经验的专家指导。

（8）在需要进行多种疫苗免疫的猪场，不得不采取两种疫苗同时注射免疫时，应遵循下列原则：

①两种灭活苗可以同时注射免疫。

②免疫抑制作用微弱的弱毒苗与灭活苗可以同时注射免疫。

③两种弱毒苗最好不要同时注射免疫，特别是病毒性弱毒苗。

④两种副作用大的疫苗最好不要同时注射免疫。

⑤注射免疫与局部免疫（滴鼻或口服）可以同时进行。

（9）规模化猪场免疫程序制订后要严格执行。一般免疫时间可以推后或提前2～3天。对病猪要隔离处理，不要因为个别病猪影响整体免疫程序的执行。

（10）当要更换疫苗品牌时，应咨询有经验的专业人员，在科学指导下进行。原则上应该间隔21天免疫两次来调整。

121 为什么注射了疫苗还会发病？

可能是疫苗失效或不对型，仔猪机体免疫麻痹，注射剂量不足，免疫程序不合理，注射时间正好在抗体高水平时造成中和；注射部位或方法不对；仔猪抵抗力下降，受到强毒攻击，免疫空白期内受到感染所致。

122 怎样观察猪群健康状态？

应在日常的饲喂和圈舍清扫操作中随时观察和检查仔猪的健康状态；此外，每天应定时进行以专门检查猪群健康为目的的猪舍巡视。猪舍巡视在早晨尤为必要，因为经过一个夜间，疾病的发生发展往往会有较明显的表现；入夜之前应进行猪舍巡视，以便及时发现病猪，及时进行处理，预防和控制夜间病情的发展；另外，在某些特殊的情况下应进行特定目的的巡查，如进行饲养试验时、在高温炎热的时节、受到严重传染病传入威胁时等。

在关注仔猪健康的同时，应随时注意发现和排除养猪设备可能对仔猪造成的伤害。例如，在仔猪进入保育舍的初期，有的猪会将头部嵌入围栏的空隙中或把腿卡入破损的地板网中而不能自拔，这些仔猪如果长时间未被发现和解救将导致死亡。

123 从精神状态上怎样判断仔猪健康状况？

健康仔猪体重合适，体形匀称，四肢强健，活泼好动，眼睛有神，呼吸均匀，叫声洪亮，皮肤光滑，被毛光亮，鼻镜湿润，喜欢拱地，尾巴摇摆自然。

124 怎样根据猪睡觉的状态区分病猪和健康猪？

猪有贪睡的习性，并有明显的昼夜节律。3日龄以内的仔猪，除吮乳和排泄外几乎酣睡不动。健康猪睡眠姿态为四肢舒展，侧卧，呼吸均匀，安静而深沉；生病的猪睡姿为四肢蜷缩，俯卧，呼吸时快时慢，易惊醒，睡眠时间短。

125 怎样通过检查猪的皮肤和可视黏膜来判断仔猪是否健康？

健康猪皮肤红润、光滑、富有弹性，可视黏膜平滑、湿润、颜色红润。病猪皮肤苍白或发紫、粗糙、弹性差，可视黏膜苍白、发绀起皱，有溃疡或有不正常分泌物。

126 怎样通过检查猪的排泄物和分泌物来判断仔猪是否健康？

健康仔猪粪便成形、排量正常、颜色发黄，尿较清，鼻腔、眼睛一般无鼻液、眼屎等分泌物，一般无异味。发病仔猪粪便稀薄或干硬，排量或多或少，颜色发红、发灰或发黑、发白，尿混浊或带有血色；鼻腔有黏稠鼻液，眼角有大量眼屎，有不良异味。

127 怎样测体温、呼吸频率、心率？这三项指标的正常值为多少？

（1）通常测量猪的肛门直肠内温度。具体操作通常是在兽用体温计的远端系一条长 10～15 厘米的细绳，在细绳的另一端系一个小铁夹以便固定。测体温时，先将体温计的水银柱稍用力甩至 35℃ 刻度线以下，在体温计上涂少许润滑油，然后一手抓住猪尾，另一手持体温计稍微偏向背侧方向插入肛门内，用小铁夹夹住尾根上方的背毛上固定。2～3 分钟后取出体温计，用酒精棉球将其擦净，右手持体温计的远端，呈水平方向与眼睛齐平，使有刻度的一侧正对眼睛，稍微转动体温计，读出体温计的水银柱所达到的刻度即为所测得的体温。健康猪的正常体温为：成年猪 38～39.5℃，仔猪 38～40℃，超过正常体温即称为发热。

（2）检查猪的脉搏。仔猪一般在后腿的内侧股动脉部；成年猪在尾根底下部，也就是在尾底动脉部。检查时可用手指轻按，感触脉搏跳动的次数和强度。如果不方便，也可用听诊器，或用手触摸心脏部，根据心脏跳动的次数来确定心率。健康猪的脉搏平均每分钟 60～80 次。

（3）检查猪的呼吸。主要是观察猪的胸部起伏和腹部肌肉的运动情况。胸部和腹部肌肉一起一伏为呼吸一次。健康猪每分钟呼吸 10～20 次。呼吸时胸部、腹部起伏协调、节奏均匀、强度适中。如果这些情况发生了变化，就说明猪可能处于病态。

128 哪些疾病可通过试验诊断技术来确诊？

试验诊断主要是运用物理学、化学和生物学等的试验技术和方法，通过感官、试剂反应、仪器分析和动物实验等手段，对病猪的血液、体液、分泌物、排泄物及组织细胞等标本进行检验，以获得反映机体功能状态、病理变化或病因等的客观资料。

猪瘟、口蹄疫、衣原体病、支原体病、炭疽、猪气喘病、蓝耳病、布鲁氏菌病、猪附红细胞体病等均可通过试验技术来诊断。

129 如何采集和保存病料？

（1）病料的采集。当怀疑猪群发生传染病时，除根据临床表现和病理剖检进行确诊外，有些传染病还需及时采取病料送兽医检疫防疫部门进行病原学检验。

所采病料力求新鲜，最好在病猪临死前或死后 2 小时内采取；采取病料应尽量减少杂菌污染，事先对器械进行严格消毒，做到无菌采集；对危害人体健康的病猪，需注意个人防护并避免散毒。难以估计是何种传染病时，可采取全身各器官组织或有病变的组织；专嗜性传染病或以某种器官为主的传染病，应采取相应的组织；对流产的胎儿或仔猪可整个包装送检；对疑似炭疽的病猪严禁解剖，但可采取耳尖血涂片送检；采集血清应注意防止溶血，每头猪采全血 10～20 毫升，静置后分离血清。

（2）病料保存。采集的新鲜病料应快速送检，保存方法有三种：一是细菌检验材料，将采取的组织块保存于 30％甘油缓冲液中，容器加塞封固；二是病毒检验材料，将采取的组织块保存于 50％甘油生理盐水中，容器加塞封固；三是血清学检验材料，组织块可用硼酸处理或食盐处理，血清等材料可在每毫升中加入 3％石炭酸溶液 1 滴。

130 什么是经典性疾病？

经典性疾病是指发病规律、症状明显、易于诊断、转归较好、死亡率较低的疾病，如感冒、大肠杆菌引起的腹泻等。

131 什么是常在性疾病?

常在性疾病是指在一定地区或区域内，健康仔猪体内带有病原，当外界条件突变，仔猪受到应激，抵抗力较低时而发生的疾病，如气喘病等。

132 传染病可能传入猪场时怎么办?

（1）启动传染病防控应急预案。

（2）切断外来的传播途径，谢绝外人参观，不得调入疫区的仔猪，也不得调出场内的仔猪，实行封闭式管理。

（3）加强饲养管理，加强消毒、强化通风，注意清洁卫生。

（4）实行药物保健，利用中草药、电解多维、微生态制剂对仔猪进行保健，提高记忆免疫力，保护易感仔猪。

（5）紧急免疫接种。

133 暴发严重的传染病时该怎么办?

（1）当猪场（猪群）发生传染病或疑似传染病时，必须及时隔离，尽快确诊，并逐级上报，病因不明或剖检不能确诊时，应将病料送交有关部门检验诊断。

（2）确诊为传染病时，应尽快采取紧急措施，根据传染病的种类，划定疫区进行封锁。对全场猪进行仔细检查，病猪及可疑病猪应立即分别隔离观察和治疗，尽可能缩小病猪的活动范围，同时全场进行紧急消毒，对尚未发病的猪及其他受威胁的猪群，要紧急预防接种或进行药物预防，并加强观察，注意疫情发展动态。

（3）被传染病污染的场地、用具、工作服和其他污染物等必须彻底消毒，粪便及垫草予以烧毁。消毒时应先将圈舍中的粪尿污物清扫干净，铲去地面表层土壤（水泥地面则应清洗干净）再用消毒药液彻底消毒。

（4）屠宰病猪应在指定地点进行，屠宰后的场地、用具及污染物，必须进行严格消毒和彻底清除。病猪的尸体不能随便抛弃，更不能宰食，必须烧毁、深埋或化制后作工业原料等。运输病猪尸体的车辆、设备、用具和接触过病猪的人员及工作服、用具等必须严格消毒。

134 内源性疾病怎样防治？

越来越多新的疾病在不断出现，包括过敏、内分泌紊乱、肿瘤、心血管疾病、糖尿病等，这些疾病的共同特征是与仔猪外部的细菌、病毒等没有关系，而是因仔猪自身机能的失调或功能的下降所致。这些疾病无法靠杀菌、消炎（除因机能问题导致体内共生微生物的大量繁殖外）来治疗。这些疾病就是内源性疾病。

防治该类疾病要加强饲养管理、消除过敏原、减少应激，增强仔猪机体免疫力，强化保健，给猪只提供舒适的环境和良好的福利，消除猪只亚健康状态，可有效防治该类疾病的发生。

135 非洲猪瘟怎样防控？

非洲猪瘟是由非洲猪瘟病毒引起的一种急性、烈性、高度接触性传染病，发病死亡率高，可达100%，严重危害养猪业。家猪与野猪对本病毒都有自然易感性，各品种及各不同年龄的猪群同样易感。非洲猪瘟不是人畜共患病，不感染人，也不感染除家猪和野猪之外的其他动物。

（1）传染源与传播途径　该病主要通过接触传播，也可经媒介昆虫叮咬传播。发病猪和带毒猪是主要的传染源，发病猪组织和体液中含有高滴度的病毒；同时，感染的猪、猪肉和其他猪源产品也是重要的传染源，非洲猪瘟病毒的传染性在未熟制猪肉产品中能够维持3～6个月，在冻肉中可维持若干年。该病还可通过车辆和人员远距离运输传播。野猪和软蜱是非洲猪瘟病毒重要的储存宿主。

（2）临床症状　自然感染潜伏期5～9天，病初体温突然升高至40.5℃，约持续4天，直到死前48小时，体温开始下降，同时才表现临床症状。病猪精神沉郁，厌食，不愿行走，共济失调，咳嗽，呼吸加快，部分病例出现呼吸困难，耳、鼻、腋下、会阴、尾、脚无毛部分呈界线明显的紫色斑。往往发热后第7天体温降至正常时死亡。

（3）病理变化　淋巴内结的变化最为典型。内脏淋巴结出血严重，胃、肝门、肾脏、肠系膜等处淋巴结最严重，状似血瘤。紫斑部分常肿胀，中心深暗色，分散性出血，边缘褪色，尤其在腿及腹壁皮肤肉眼可见到。胸腹腔、心包、胸膜、腹膜上有许多澄清、黄色或带血色液体。内脏或肠系膜上有斑点状或弥散状出血。喉头、会厌、胆囊、膀胱、肾脏常有出血斑点，比猪瘟更为明显。

（4）防控措施　本病没有有效治疗药物。如果发现可疑病例，应立即报告兽医主管部门，封锁疫点。确诊后，全群扑杀、销毁，彻底消灭传染源。彻底消毒。具体措施如下：①严格控制人员、车辆和易感动物进入养殖场；进出养殖场及生产区的人员、车辆、物品要严格消毒。②尽可能封闭饲养生猪，采取隔离防护措施，避免与野猪、钝缘软蜱接触。③严禁使用泔水或餐余垃圾饲喂生猪。④积极配合当地动物疫病预防控制机构开展疫病监测排查，特别是发生猪瘟疫苗免疫失败、不明原因死亡等现象，应及时上报当地兽医部门。

136 常见的仔猪寄生虫病有哪些？如何驱除？

猪的寄生虫病很多，常见的主要有猪蛔虫病、疥癣病、猪肺丝虫病、猪鞭虫病、猪姜片吸虫病、细颈囊尾蚴病、猪囊虫病、棘球蚴病、猪旋毛虫病、猪弓形虫病、猪锥虫病、猪孢子虫病、猪胃线虫病、猪肾虫病、猪球虫病和猪虱病等。

（1）蛔虫病防治措施。

①定期驱虫，在仔猪1月龄、5～6月龄和11～12月龄时分期选用左旋咪唑，按每千克体重10毫克的剂量拌入饲料中一次投喂，每天1次，连用2天。母猪可于临产前1个月左右进行1次驱虫，以保护仔猪免受感染。

②保持栏舍清洁干燥，猪粪要勤清除，堆积发酵以消灭蛔

虫卵。

③治疗时可选用精制敌百虫，按每千克体重0.1克（总剂量不超过7克）的剂量，溶解后拌入少量饲料内，一次投喂；左旋咪唑，每千克体重10毫克，拌入饲料喂服，或用5%注射液按每千克体重3～5毫克的剂量，皮下或肌内注射，每天1次，连用2天；丙硫咪唑，每千克体重15毫克，拌料一次喂服，效果很好。

（2）姜片吸虫病防治措施。

①加强饲养管理，给猪吃的水生饲料必须煮熟或经过青贮发酵后饲喂，猪粪要堆积发酵处理。由于扁卷螺不耐干旱，故在流行地区，在秋末冬初的干燥季节，挖塘泥晒干，消灭螺蛳。每隔2～3个月，定期驱虫一次。

②治疗时可选用精制敌百虫，按每千克体重0.1克（总量不超过7克），混在少量精饲料内空腹投喂，隔日1次，连用2次。硫双二氯酚，按每千克体重0.07～0.1克混于稀料中一次喂服，服药后可能出现腹泻现象，不需处理，2天后可自行恢复正常。硝硫氰胺，按猪的大小不同口服0.2～0.6克，一次有效。槟榔2.5克、木香5克，煎水早晨空腹投服，连用2～3次。

（3）猪肺丝虫病防治措施。

①加强饲养管理，猪舍及运动场地要经常打扫，注意排水和保持清洁、干燥，粪便堆积发酵。有条件的猪场，猪圈及运动场可铺设水泥，以防止猪吃到蚯蚓，并可杜绝蚯蚓的滋生。

②在肺丝虫流行地区要进行定期预防性驱虫，仔猪在2～3月龄时驱虫一次，以后每隔2个月驱虫一次。

③治疗病猪可选用左旋咪唑，每千克体重7毫克，一次口服或肌内注射。对肺炎严重的猪，应在驱虫的同时，连用青霉素3天。伊维菌素，每千克体重0.2毫克，皮下或肌内注射，一次见效。丙硫苯咪唑，每千克体重10～15毫克，混入饲料口服。

（4）猪囊虫病防治措施。

①避免猪吃食人粪。人粪要经过发酵处理后再作肥料；加强市场屠宰检验，禁止出售带有囊尾蚴的猪肉；有成虫寄生的病人要进

行驱虫治疗，杜绝病原的传播。

②要加强农贸市场的兽医卫生检验，不准出售感染囊尾蚴的猪肉，接触过该病猪肉的手或用具要洗净，以防人感染猪带绦虫。

③目前对病猪尚无确实的治疗方法。据报道，病猪用吡喹酮，每千克体重 0.2 克口服；或用液状石蜡与该药配成 10% 的注射液，每千克体重 0.1 克肌内注射；或用氟苯哒唑，每千克体重 8.5～40 毫克口服，每天 1 次，连续 10 天，效果较好。

（5）猪弓形虫病防治措施。

①保持圈舍清洁卫生，定期消毒，场内禁止养猫，经常开展灭蝇、灭鼠工作；母猪流产的胎儿及排泄物要就地深埋。

②治疗时用磺胺二甲基嘧啶或磺胺嘧啶，日剂量是每千克体重 100 毫克，分 2 次内服（间隔 1～2 小时）；其他如磺胺甲氧嘧啶、制菌磺胺、甲氧苄嘧啶和制菌净等药物均有疗效。

（6）猪肾虫病防治措施。

①加强饲养管理，搞好栏舍及运动场地的卫生，经常用 20% 石灰乳或 3%～4% 漂白粉溶液消毒。新购入的猪应进行检疫，隔离饲养，防止该病传播。

②治疗病猪可选用左旋咪唑，每千克体重 10 毫克内服或每千克体重 4～5 毫克肌内注射，每天 1 次，连用 7 天。四氯化碳，每千克体重 0.25 毫升，与等量液状石蜡混合，在颈部、臀部分点深部肌内注射，每隔 15～20 天重复注射一次，连用 6～8 次，对于杀死幼虫效果更好。丙硫咪唑，每千克体重 15 毫克，拌料一次内服，每天 1 次，连用 7 次。

（7）猪疥癣防治措施。

①猪圈要保持干燥，光线充足、空气流通，经常刷拭猪体，猪群不可拥挤，并定期消毒栏舍。新购进的猪应仔细检查，经鉴定无病时，方可合群饲养。

②发现病猪及时隔离治疗，可用 0.5%～1% 敌百虫水溶液，或速灭杀丁、敌杀死等药物，用水配成 0.02% 的浓度，直接涂擦、喷雾患部，隔 2～3 天一次，连用 2～3 次；或用烟叶或烟梗 1 份，

加水 20 份，浸泡 24 小时，再煮 1 小时，冷却后涂擦患部。也可用柴油下脚料或废机油涂擦患部；或硫黄 1 份、棉籽油 10 份，混均匀后涂擦患部，连用 2～3 次。

（8）猪虱防治措施。

①加强饲养管理，经常刷梳猪体，保持清洁干净。猪舍要经常打扫、消毒，保持通风、干燥。垫草要勤换、常晒，对猪群要定期检查，发现有虱病者，应及时隔离治疗。

②杀灭猪虱可选用 2% 敌百虫水溶液涂于患部或喷雾于体表患部，或烟叶 1 份、水 90 份，煎成汁涂擦体表；或将鲜桃树叶捣碎，在猪体表涂擦数遍。

137 养殖场老鼠有什么危害？怎样消灭？

老鼠种类之多，分布范围之广，繁殖速度之快，对社会危害之大，令人触目惊心。全世界老鼠种类多达 1 000 多种，其中我国就有 100 多种。老鼠的繁殖力极强，3～4 月龄的幼鼠就能交配繁殖，一年生 6～10 胎，每胎 8～10 只，妊娠期 21～22 天。一对大家鼠一年繁殖的后代总计可达 15 552 只。老鼠的门齿能终生生长，每年要长 17～20 厘米，为保护嘴唇，老鼠每周要咬齿 1.8 万～1.9 万次，以此将牙磨平。因此，老鼠啃咬建筑物、箱柜、衣物，同时糟蹋粮食，传染 20 多种疾病。有人统计，一只老鼠在粮仓停留一年，可吃掉 12 千克粮食，排泄 2.5 万粒鼠粪，污损粮食 40 千克。据统计，全世界每年被老鼠糟蹋的粮食，为世界粮食产量的 1/5，约 3 500 万吨，可供 1 000 万人口的大城市食用近 20 年。养殖场是鼠害的重灾区，老鼠对养殖场的危害主要是破坏养殖场设施、设备和偷食饲料。因此，消灭鼠害是提高养殖场经济效益不可忽视的工作。

（1）鼠药的选择。应选择安全性较高的第二代抗凝血灭鼠剂灭鼠。这类药剂的主要作用机理是破坏正常的凝血功能，损害毛细血管。老鼠摄入后出现体虚、怕冷、行动缓慢，口、鼻、肛门出血，并有内出血发生，最后由于慢性出血不止而死亡。常用的有溴敌隆和大隆。

（2）灭鼠的方法。常用毒饵灭鼠，一般用老鼠喜食的谷物配制毒饵，要求无杂质、无霉变、无异味，也可用饲料直接配制。在粮库和饲料厂等缺水场所，采用毒水灭鼠效果比用毒饵更好、更经济。可用溴敌隆或溴鼠灵配制成 0.005％的水溶液。因老鼠有用舌头舔爪、整毛的习性，也可用毒糊法灭鼠。毒糊的配制方法有三种：用淀粉或面粉先制糊，再撒药或拌药；将药与水混溶完全后再加淀粉制成糊（多为耐热药物）；用黄油加机油再加药品混匀。使用时，将配好的毒糊直接涂于洞口，或老鼠必须经过的通道上，如水管、房梁、电线等，涂抹厚度一般为 2～3 毫米。还可以用磷化铝和磷化钙熏蒸灭鼠。磷化铝产品多为片剂，每片重约 3 克，含量为 66％，使用时每洞投放 1～2 片。磷化钙多为颗粒，含量 26％，使用时每洞投入 20～40 克。一人投药，另一人加水，然后用青草或树叶盖住洞口，再用土封上即可。若一窝老鼠有几个出口，要先把所有相连的洞里都投药，然后用草堵住洞口，再加水、封土。

（3）毒饵的投放。毒饵投放前，要保管好饲料，断绝老鼠的食物来源。清除圈舍两边 10 米内的杂草、垃圾、污水及闲置设备，便于投放毒饵后，及时找到死亡老鼠，防止污染环境。毒饵投放重点部位为老鼠经常活动的地方，老鼠有沿边、角及低矮处行走的习性，应沿墙角根、下水道、垃圾坑、围墙边及畜禽接触不到的料槽外围或下边投放毒饵。毒饵投放量要大，一般每隔 2～3 米放一堆，每堆 50 克左右，每天检查，吃完的地方及时补充，补充时应加倍。毒饵投放时间一般选在天黑前 1 小时。灭鼠次数以每年春、秋、冬季各一次为佳，因为春秋季是老鼠繁殖高峰期，此时灭鼠才能将害鼠密度控制在危害水平之下。冬季灭鼠是因为养殖场多建在村庄外或田地边，冬天食物缺乏，外鼠很容易侵入。另外，冬天气温较低，即使老鼠死在阴暗处不被发现，也不会腐败变臭，而夏季死鼠易腐败，故不主张在生产条件下夏季灭鼠。

灭鼠的最佳时间在畜禽出栏或淘汰的当天或第二天，可把毒饵直接放在料槽内，灭鼠率几乎达到 100％。

（4）注意事项。投饵后 2～3 天，老鼠将陆续死亡，鼠类带有多种病菌，切不可直接触摸死鼠，应用夹钳捡出做深埋或焚烧处理。要管好鼠药，防止人畜误食。提前准备好解药、维生素 K_1，一旦误食，马上注射维生素 K_1 解救。

138 环境过冷或过热仔猪有什么表现？

保育期仔猪合适的舍内气温在前期为 22℃左右，后期为 20℃左右，要求日温差不能过大，相对湿度不超过 70％，通风良好、空气清新。在设备简陋的猪舍，由于不能提供最佳的舍内小气候，仔猪的生长速度、饲料转换率和群体的健康水平均有不同程度的降低。舍内小气候是否适宜，不但要靠温度计、湿度计、风速仪等仪表的测定结果来判断，而且要靠人的感觉和猪的表现来判断。在温度、湿度和通风三要素都很适宜时，仔猪活泼好动，采食活跃、皮肤温润、富有弹性，睡眠时分散趴卧、体姿伸展。

与成年猪相比，仔猪对热应激的耐受性较大，在炎热的季节，同场的成年猪首先出现中暑表现；仔猪对冷应激更为敏感，在舍温低于 16℃时，仔猪趴卧时互相挨挤，甚至扎堆而眠。在寒冷的季节，猪场仔猪直肠脱出（又称脱肛）的病例增多，就是因为舍温过低，仔猪长时间扎堆取暖，不爱活动，排粪次数减少，引起便秘，排便过度努责而导致直肠脱出。对脱肛仔猪要及时发现，及时将脱出的直肠整复回去。如直肠脱出时间较长、直肠黏膜发生水肿而整复困难时，可先用针头对水肿的黏膜进行针刺，挤出水肿液后再进行整复，整复之后对肛门进行荷包缝合，再取 95％的酒精 10～15毫升对肛门周围进行分点注射，以防直肠再次脱出。

139 猪中暑有何症状？如何处理？

猪天生对热的耐受力差，如果再饲养管理不好，容易发生中暑。主要表现在两个面：一是在潮湿闷热环境下引起的热射病；二是长时间在烈日照射下发生的日射病。猪中暑的症状有：突然发病、呼吸急促、心跳加快，体温升至 42℃以上，精神沉郁、眩晕，四肢无力、步行不稳、卧地不起，眼结膜充血，口吐泡沫，不食、呕吐、口渴喜饮水、全身出汗、眼球突出、目光狞恶，严重者头颈贴地，昏迷、痉挛。

预防猪中暑不可放松，猪舍通风条件要加强，设置遮阴措施，避免阳光直射。清理好猪舍内外的环境卫生，中午不断用凉水泼洒地面。舍内养猪密度要适当调整，天太热要减少密度。保证饮水充足，中午和晚上的饮水中要适当加些食盐，以补充因出汗过多体内损失的盐分。加喂青绿饲料，少喂精饲料，以减轻体内热量。

若发现猪有中暑症状，要立即转移到通风阴凉处，用凉水灌肠，并灌服大量的含盐2%的凉水，多次可缓解病情，严重者静脉放血50～200毫升，然后用5%葡萄糖或生理盐水500毫升、20%安钠咖溶液5毫升一次性静脉滴注。也可用复方氯化钠溶液500毫升、20%安钠咖溶液5毫升，一次静脉注射，连用2～3天。

用藿香正气水、十滴水等防中暑药常给幼猪服用，可有效地防止仔猪中暑。

140 病死仔猪如何进行无害化处理？

处理病死仔猪有三种无害化方法。一是焚烧法，比较复杂，成本也比较高，目前在疫区实行存在一定困难。二是化尸坑处理法，在养殖场下风向建一个容积适当的池子，要求四周及底部硬化，顶部密封留一小口，将死猪扔进去后撒入火碱或氨水进行化尸。三是当前使用较多的深埋法，即挖一个2米左右深的坑，在坑底铺上一层至少1.6厘米厚的石灰或消毒药，把病死猪密封后放进坑内，再铺一层消毒药，最后用土盖严。

141 防治仔猪疾病有哪些技术要点？

（1）选择抗病力强的公、母猪品种，以期得到抗病力强的仔猪。

（2）提供冬暖夏凉、通风良好、采光性好的舒适环境。

（3）饲喂新鲜全价的配合饲料，提供合格而充足的饮水。

（4）强化保健和免疫防病措施。

（5）消灭蚊蝇，驱杀老鼠等传播疾病的动物。

（6）本着养重于防、防重于治、防治结合的原则，对仔猪疾病早发现、早隔离、早治疗，对治疗无价值的仔猪及时淘汰，并做好病死仔猪的无害化处理。

142 怎样选择药物的种类？

要根据疗效高、副作用小、安全、价廉、来源可靠的原则选用药物，不要迷信新、名兽药；要了解兽药成分、含量、作用与注意事项，根据诊断结果，做到对症下药；选择对病原微生物高度敏感的药物，能用一种抗生素治好的病，不要用多种抗生素，防止滥用抗生素使猪体内细菌产生耐药性或使猪体发生药物中毒。药物治疗一定要达到有效药物浓度和治疗期，即剂量准确，疗程要足。药量过小，达不到有效浓度；用药量过大，会对机体造成中毒的危害。用药量过大或过小，最终都是增加了用药成本。一般用药疗程为 3～5 天，给药频率是由药物代谢半衰期和有效抑菌浓度决定的，要尽量避免停药过早而导致疾病复发，或给药次数过多加大对猪体的应激。由病毒、细菌等病原微生物引起的疫病，发病快、蔓延快、发病率高、死亡率高，在日常生产管理中，要树立"防重于治"的观念。根据当地疫情制订预防用药程序，认真做好免疫、诊疗、消毒工作，坚持"预防为主，防治结合"的原则。当然，不能错误地理解综合防治措施，有疾病发生时，该注射时就注射、该口服时就口服，不要长期在饲料中添加药物，更不要把药物当饲料使用。

143 怎样选择适宜的用药途径？

应根据仔猪的病情对症下药。根据药的性状及要求，预防用药一般采取饲喂或饮水方法，疫苗一般采用肌内注射，病情严重者及有特殊要求者采取静脉注射或腹腔注射法。

144 怎样给猪灌药？

将猪横卧保定或站立保定。横卧保定时，要将颈部压紧（不要压胸部和腹部）；站立保定时，要抓住两前肢，防止扒、打影响投药。用开口器将口撑开，投药管从舌旁伸入（管的弯曲要向内下方）咽部再伸入食道，伸过咽头6～7厘米，检查进入方向1次。检查根据是：将橡皮球捏扁插在投药管口上不鼓起；叫声如常。符合这两条，证明投药管进入食道。再伸进7～10厘米，再检查1次。2次确认无误，将投药管固定，即可安上漏斗，投入药液，灌完后再向管内打入少量气体，使胃管内药物排空，然后迅速拔出胃管。但在操作中要注意以下几点：

（1）成年猪可用猪开口器开口；仔猪口小，只能用猪开口器的柄部开口。

（2）伸入胶管后，可用手指弹击其鼻尖，促其鸣叫，如叫不出声来，为误插入气管，要抽出胶管另插。

（3）用木棒开口器开口时，棒孔要内外对正，以便投药管自孔中插入。

（4）投药管如果自上口盖正中伸入，管的弯曲应向下。

（5）投药管插入食道后，一定要固定住（靠在开口器边捏住即可），以免因骚动脱出。

（6）胶管在咽腔打弯时，应轻轻抽退另插。

145 猪口服药后需要注意禁食哪些食物？

（1）绿豆。绿豆可解百毒，亦可解百药，在给猪服药后应禁食。

（2）高粱。高粱中含有鞣酸，收敛作用较强，在猪服用泻药时禁用；另外，鞣酸可使铁制剂变性，在治疗缺铁性贫血时，亦不能食用。

（3）黄豆、豆饼。因黄豆中含钙、镁、铁等矿物质，如在服用四环素类药物如四环素、土霉素等的同时饲喂豆饼，可生成不溶于水的络合物而降低疗效，故应禁用。

（4）麸皮。麸皮中富含磷而缺乏钙，在治疗佝偻病、软骨病、胆结石等疾病时禁用。

（5）麦芽。麦芽可抑制乳汁分泌，在使用催乳药时应禁用。

（6）菠菜。菠菜中含有草酸，与钙形成草酸钙沉淀，在喂贝壳粉、蛋壳粉、骨粉等钙质饲料时应停喂。

（7）食盐。食盐可降低链霉素的疗效，食盐中的钠使水在体内潴留，引起水肿。所以，在治疗肾炎和使用链霉素时应限量停喂。

（8）鹅毛粉饲料。因鹅毛粉有避孕作用，在给母猪使用催情药期间，应禁止使用。

（9）石粉、骨粉。因含钙较多，可降低土霉素、四环素的疗效，故在用此类抗生素期间，应暂停喂石粉、骨粉。

（10）棉籽饼。因棉籽饼中含有毒物质棉酚。另外，棉籽饼可影响维生素 A 的吸收，所以，在使用维生素 A 或鱼肝油时应限量或停喂棉籽饼。

146 **怎样给猪灌肠？**

灌肠是向猪直肠内注入大量的药液、营养液或温水，直接作用于肠黏膜，使药液、营养液被吸收或排出宿粪，以及除去肠内分解产物与炎性渗出物，以达到治疗疾病的目的。灌肠时，大猪可行横卧保定，小猪可行倒立保定。使用小动物灌肠器，将橡胶管一端插入直肠，另一端连接漏斗，将溶液倒入漏斗内，即可灌入直肠。也可用 100 毫升的注射器注入溶液。操作时动作要轻，插入肠管时应缓慢进行，以免损伤肠黏膜或造成肠穿孔。将溶液注入后由于排泄反射，易被排出。为防止溶液被排出，可用手压迫尾根、肛门，或在注入溶液的同时，用手指刺激肛门周围，也可按摩腹部。

147 **怎样给猪打针？打针要注意哪些事项？**

给猪打针是预防、治疗猪病经常采用的措施，常用的方法有以下几种：

（1）皮下注射。将药液注射到皮肤与肌肉之间的疏松组织中，借助皮下毛细血管的吸收而作用于全身。由于皮下有脂肪层，吸收较慢，一般 5～15 分钟才可产生药效，注射部位多为猪的耳根后部、腹下或股内侧。

（2）肌内注射。将药液注入肌肉内，由于肌肉内血管丰富，药液吸收快。注射部位多为猪的颈部或臀部。

（3）静脉注射。将药液直接注入静脉血管内，使药液迅速发生效果。注射部位多为耳静脉。

（4）腹腔注射。将药液注射到腹腔内，这种方法一般在耳静脉不易注射时采用。大猪的注射部位在腹肋部，小猪在耻骨前缘下 3～5 厘米中线侧方。

（5）气管注射。将药液直接注射到气管内。注射部位在气管的上 1/3 处，两个气管之间。适用于肺部驱虫、治疗气管和肺部疾患。

给猪打针时应注意以下事项：

（1）注射前，针头、注射器要彻底消毒。

（2）注射时要将猪保定，注射部位用 6% 的碘酊或 75% 的酒精棉球消毒。注射后再用碘酊或酒精棉球压住针孔处皮肤。注射结束后针头在体内旋转 180° 后拔出，减少药物外流。

（3）稀释药液时要注意药液是否混浊、沉淀、过期等。

（4）凡刺激性较强或不容易被吸收的药液，如青霉素、磺胺类药液等，常作肌内注射；在抢救危急病猪时，输液量大、刺激性强、不宜肌内或皮下注射的药物如水合氯醛、氯化钙、25% 葡萄糖溶液等，可作静脉注射。

（5）注射器里如有气泡时，一定要把空气排尽，然后再用。

（6）注射器及针头用完后，要及时清洗、晾干、妥善保管。

148 给猪治病怎样使药的剂量合适？

根据仔猪的体重、发病时间、病情轻重及不同季节，详细了解所用药物的药性、含量、毒副作用、使用方法、注意事项及推荐用量而使用。不可用量过大或不足。一般情况下，首次用药可适当增加用药量（毒性大的药物除外）。

149 什么时间给仔猪用药好？

预防性药物应自出生即按免疫程序和保健程序使用，治疗性药物在发现病情后用药越早越好。

150 配合用药时哪些药可以联合使用？

临床上同时使用两种以上的药物治疗疾病，称为联合用药，其目的是提高疗效，减轻或消除某些毒副作用，适当联合应用抗菌药也可减少耐药性的产生。但是，同时使用两种以上的药物，药物在体内器官、组织或作用部位均可发生相互作用，使药效或不良反应增强或减弱。在药物联合使用时，应注意其药动学和药效学的相互作用，药效学的相互作用包括协同作用、相加作用和颉颃作用；药动学的相互作用主要包括物理和化学作用、胃肠道运动功能的改变以及菌丛改变等。下面介绍几种目前常用兽药在联合应用时的协同作用及特别疗效。

（1）β-内酰胺类。

① β-内酰胺类药物与 β-内酰胺酶抑制剂配伍常获得协同作用。使青霉素类和头孢菌素类的最低抑菌浓度（MIC）明显下降，药物增效几倍至十几倍，并可使产酶菌株对药物恢复敏感。如将克拉维酸与氨苄西林合用，使后者对产生 β-内酰胺酶的金黄色葡萄球菌的最小抑菌浓度，由大于 1 000 微克/毫升减小至 0.1 微克/毫升。临床上常用药物有氨苄西林钠＋舒巴坦钠、阿莫西林＋克拉维酸钾、氨苄西林＋舒巴坦甲苯磺酸盐。

②繁殖期杀菌药与静止期杀菌药配伍常获得协同作用。例如，青霉素与链霉素配伍，常用于链球菌性心内膜炎和肠球菌感染；羧苄西林与庆大霉素（或阿米卡星）联合应用有一定的协同作用，可用于绿脓杆菌感染（但二者不可置同一容器中）。

③金属利器刺伤或复合外伤，采用青霉素 G 或四环素类以防

止气性坏疽。

（2）氨基糖苷类。

①氨基糖苷类药物抗菌谱广，很多种类对呼吸道感染病原和支原体均有效果。安普霉素被美国推荐为治疗大肠杆菌病的首选药物，对革兰氏阳性菌（某些链球菌）、密螺旋体和支原体也有较好作用。

②静止期杀菌药与快速抑菌药配伍常获得协同或相加作用。例如，链霉素与米诺环素配伍用于布鲁氏菌病；链霉素（或其他氨基糖苷类）与四环素合用，能增强对布鲁氏菌的治疗作用。

③静止期杀菌药与慢速抑菌药配伍，常获得协同或相加作用。如磺胺类＋氨基糖苷类合用，作用有相加效果。

④链霉素与红霉素合用，对猪链球菌病有较好的疗效；链霉素与万古霉素（对肠球菌）或异烟肼（对结核杆菌）合用有协同作用。

（3）氟喹诺酮类。

①恩诺沙星是动物专用药物，广谱抗菌，对支原体有特效，其效力比泰乐菌素和泰妙菌素强，对耐甲氧苯青霉素的金黄色葡萄球菌、耐磺胺类＋TMP的细菌、耐庆大霉素的绿脓杆菌、耐泰妙灵的支原体亦有效果。

②氟喹诺酮类药物与杀菌性抗菌药（青霉素类、氨基糖苷类）及 TMP 在治疗特定细菌感染方面有协同作用。例如，环丙沙星＋氨苄青霉素对金黄色葡萄球菌表现相加作用，而对大肠杆菌表现无关作用；环丙沙星＋TMP 对金黄色葡萄球菌、链球菌有协同作用，对猪大肠杆菌有相加作用。

③氟喹诺酮类药物可与磺胺类药物配伍应用，如环丙沙星与磺胺二甲嘧啶合用对大肠杆菌和金黄色葡萄球菌有相加作用。

（4）四环素类。

①四环素类药物为广谱抗生素，有速效抑菌作用，对立克次氏体、衣原体、支原体、螺旋体、放线菌和某些原虫有抑制作用。

②四环素类药物与同类药物及非同类药物如泰妙菌素（泰妙

灵）、泰乐菌素配伍用于胃肠道和呼吸道感染时有协同作用，可降低使用浓度，缩短治疗时间。

③四环素类与氯霉素类合用有较好的协同作用（阻碍蛋白质合成的不同环节）。

（5）氯霉素类。氟苯尼考属动物专用的广谱抑菌性抗生素，对革兰氏阴性菌和阳性菌都有作用，且对阴性菌的作用较阳性菌强，是伤寒杆菌、副伤寒杆菌、沙门氏杆菌引起的各种感染的首选药物。由于氯霉素有严重的致再生障碍性贫血的不良反应，国家已禁止其用于食品动物。而氟苯尼考的抗菌活性明显优于氯霉素和甲砜霉素（最小抑菌浓度约低90%），对兽医上重要的病原菌如沙门氏杆菌、大肠杆菌、志贺氏菌、巴氏杆菌、金黄色葡萄球菌、变形杆菌等具有良好的抗菌活性。对耐甲砜霉素的大肠杆菌、沙门氏菌、克雷伯氏菌亦有效。该药具有速效、长效的特点，在体内的有效血药浓度可维持20小时以上，不引起骨髓抑制或再生障碍性贫血。

（6）大环内酯类。

①红霉素的抗菌谱与青霉素相似（但其抗革兰氏阳性菌的作用不如青霉素），对猪支原体性肺炎也有较好的疗效。

②红霉素与泰乐菌素或链霉素联用，可获得协同作用。

③替米考星为畜禽专用抗生素，内服和皮下注射吸收快，但不完全，表观分布容积大，肺组织中的药物浓度高，乳中半衰期长达1～2天，特殊的药动学特征尤其适用家畜肺炎和乳腺炎等感染性疾病的治疗。另外，对胸膜肺炎放线杆菌、巴氏杆菌及支原体具有比泰乐菌素更强的抗菌活性。

（7）磺胺类。

①快速抑菌药与慢速抑菌药配伍常获得相加作用。例如，多黏菌素类或阿米卡星+SMZ。

②磺胺类药物与抗菌增效剂（TMP或DVD）合用有协同作用。国外应用的抗菌增效剂除TMP和DVD外，还有奥美普林（OMP，二甲氧甲基苄啶）、阿地普林（ADP）、巴喹普林（BQP）。复方制剂有SMZ+BQP（用于猪）。

③磺胺类药物与 B 族维生素或维生素 K 配伍，也可减轻由于其强力抑制肠道菌群而致 B 族维生素及维生素 K 的缺乏。

151 配合用药时哪些是配伍禁忌的？

（1）肾上腺素与洋地黄制剂同时应用，易致中毒。

（2）普鲁卡因水解后产生的对氨苯甲酸可颉颃磺胺的抗菌作用，故忌与磺胺药同用。

（3）乙酸水杨酸应尽量避免与糖皮质激素合用，二者合用可能使出血加剧；与氨茶碱或其他碱性药物如碳酸氢钠合用可降低疗效。

（4）氨茶碱注射液在一定浓度时遇酸性药物即有茶碱沉淀析出，故不宜配伍。

（5）胃蛋白酶忌与碱性药物配伍。

（6）乳酶生忌与铋剂、鞣酸、活性炭、酊剂合用，因这些制剂能抑制、吸附或杀灭乳酸杆菌。

（7）蓖麻油在脂溶性毒物如磷、苯中毒时，不宜应用，因其可增加脂溶性毒物的吸收。

（8）鞣酸蛋白不宜与胰酶、胃蛋白酶、乳酶生同服，因这些蛋白质与鞣酸结合即失去活性；鞣酸可使硫酸亚铁、氨基比林、洋地黄类药物发生沉淀而妨碍吸收，影响疗效。

（9）硫酸亚铁等铁剂与四环素类药物可形成络合物，互相妨碍吸收。

（10）青霉素与四环素类、磺胺类合并用药是药理性配伍禁忌的典型。青霉素不应与红霉素、万古霉素、氯丙嗪、去甲肾上腺素、碳酸氢钠等同时静脉应用，以免减低疗效，产生浑浊或沉淀。

（11）硫酸链霉素不宜与其他氨基糖苷类抗生素联用，以免增加毒性。

（12）硫酸庆大霉素不可与两性霉素 B、肝素钠、邻氯青霉素等配伍合用，因均可引起溶液沉淀。

（13）硫酸卡那霉素忌与碱性药物配伍，因可增加毒性作用。

（14）磺胺类钠盐不能与酸性药物同用，同用则产生沉淀。

152 怎样制备口服补液盐？

用口服补液盐加抗生素，可预防和治疗猪细菌性、病毒性及其他原因引起的腹泻。

口服补液盐的配方：氯化钠 4.5 克、氯化钾 1.5 克、碳酸氢钠 2.5 克、葡萄糖 20 克，充分溶解于 1 000 毫升蒸馏水中即成。

153 怎样制备微量元素盐溶液？

微量元素是指生物有机体中含量在 0.01％ 以下的元素，包括铜、铁、锰、锌、碘、硒、铬等。配备时根据仔猪的生长阶段和微量元素的含量算出所需微量元素种类和重量，选用葡萄糖或可溶性淀粉作为载体，溶解于适量水、酒精等溶剂中即可。一般可购买成品，自己配制过程烦琐，不主张自配。

154 怎样配制猪场常用的消毒药？

（1）草木灰水。草木灰是农作物秸秆或杂草经过完全燃烧后的灰。常用 3％ 的浓度：配制时取 3 千克新鲜草木灰加水 10 千克煮沸 1 小时，取上清液趁热用于圈舍和地面的消毒，对病毒、细菌均有效。

（2）石灰水。常用 10％～20％ 的乳剂，将生石灰与水按 1∶7 混合反应后滤除残渣即可。用于畜禽圈舍、地面、粪便和尸体消毒，对大多数病原微生物具有较强的杀灭作用。使用时应现配现用，不宜久贮。

（3）强力消毒灵。配制成 0.05％～0.1％ 的水溶液喷雾，能快速杀死金黄色葡萄球菌、大肠杆菌等许多致病菌。使用时不要与还原型消毒剂合用。

（4）漂白粉。一般配成 10％～20％ 混悬液。先称好漂白粉倒入大桶中，将团块捣碎，加入少量水调成浆，再倒入其余水充分搅拌。可用于圈舍、食槽、车辆、排泄物的消毒，但应注意密封保存，现用现配，不能用于金属和纺织物的消毒。在饮水消毒时，每100千克水用漂白粉0.7克或漂白粉精2片，投入半小时后即可使用。

（5）氢氧化钠（烧碱）。常用于病毒性疾病，如猪口蹄疫以及细菌感染时的环境和用具的消毒。一般用2%的溶液喷洒，宜加热使用。在溶液中加入少量食盐或5%的生石灰，可增强消毒力。消毒前应先转移猪只，消毒5～6小时后用清水冲洗饲槽、地面，然后再进猪只。此药有较强的腐蚀性，人畜皮肤应避免药液直接接触，不能用于刀、剪、工作服、毛巾等物的消毒。

（6）次氯酸钠。配制成含氯30～50毫升/米^{3}的水溶液喷雾，对大肠杆菌有强大的杀灭作用。配制时不能使用pH较高的水作稀释液，同时应现配现用。

（7）百毒杀。本品配制成0.03%的浓度，用于圈舍、环境、用具的消毒；作饮水消毒时用0.01%的浓度安全有效。

（8）过氧乙酸。配制成0.2%～0.3%的水溶液喷雾，能杀死多种细菌、真菌、病毒，同时还能消除猪舍内的氨气，补充舍内的氧气。该消毒液由于浓度较低，易分解，应现配现用。

（9）来苏儿。2%～3%的溶液可杀死炭疽杆菌、化脓性链球菌、猪丹毒杆菌及猪瘟病毒，常用于圈舍、食槽、用具、场地、排泄物的消毒，1%的溶液用于饲养员手和器械消毒。

（10）甲醛（福尔马林）。能有效地杀灭细菌芽孢和病毒。1%～5%的溶液用于圈舍、环境、用具的消毒。作室内空间和器具熏蒸消毒时，按每立方米空间用15%的甲醛40毫升，加高锰酸钾20毫克配制，消毒空间保持封闭状态24小时。

（11）新洁尔灭。配制成0.1%的水溶液喷雾，对一般病原细菌有强大的杀灭效能，也可用于皮肤、手术器械和玻璃用品等物的消毒；0.01%～0.05%的溶液用于黏膜及深部感染伤口的冲洗；忌与肥皂、碘、高锰酸钾或其他碱性药物配合。

（12）菌毒敌。对预防炭疽、口蹄疫等具有特效功能。猪舍常规消毒时按1∶300稀释，出现疫病时按1∶100稀释，用喷雾器喷洒，此药必须用热水配制方能保证消毒效果。

155 对症使用青霉素、链霉素等，多次使用后不见效怎么办？

除要看所用药物是否合格、所用剂量是否达到要求外，还要查明病原、确诊病名、对症下药，并做好护理。

156 造成仔猪腹泻的因素有哪些？

（1）致病微生物感染。引起仔猪腹泻的病原体有大肠杆菌、球虫、轮状病毒、螺旋体等，不清洁的猪舍都存在这些致病微生物。

（2）环境条件不适宜。仔猪对寒冷特别敏感，冬春寒冷季节舍内温度不高，仔猪体热损耗是引起腹泻的重要原因。另外，高温高湿适于病原体生存、繁衍，炎热季节如果相对湿度在 80% 以上时也易发生仔猪腹泻。

（3）饲养管理不当。例如饲料腐败、霉烂，饮用污水、尿液，母猪乳头污染或患产褥热、乳腺炎等疾病，仔猪吸吮了病母猪的乳汁也易引起腹泻。

157 怎样预防和治疗仔猪腹泻？

（1）免疫接种。在母猪临产前 3 周左右，按剂型及产品说明标签的要求日期及使用方法，给母猪注射或口服仔猪大肠杆菌腹泻菌苗，抗体可通过初乳使初生仔猪获得免疫能力，对预防仔猪黄痢和白痢有重要作用。据报道，疫苗接种后仔猪腹泻发病率由 67% 下降到 6%，平均死亡率从 87% 下降到 0.7%，总保护率在 90% 以上，断奶成活率提高 20%，也就是说，每窝仔猪可多成活 1～2 头，且仔猪断乳个体重比对照组提高 1 千克以上。

由于仔猪必须通过母猪的初乳接受免疫抗体，所以一定要使仔猪在初生 6 小时内吃到初乳。对无力吸吮乳头的弱小仔猪，可将初乳挤出后用吸管投服。

（2）创造适宜的环境条件。

（3）做好消毒工作。除在场、舍进门处设人员及车辆消毒池外，对猪舍要定期消毒，特别是在母猪产仔前，要预先把产房、产仔笼、育仔箱、褥草等通过物理和化学两种方式消毒。物理方法是指在阳光下反复曝晒（褥草及保温箱等）及高温蒸煮（衣服及用具等）。舍内消毒除可用火焰灼烧法（用火焰喷射器或火焰喷灯）外，常用化学消毒制剂进行消毒，如1%～2%氢氧化钠溶液，10%～20%熟石灰（氢氧化钙）混悬液（石灰乳），0.5%过氧乙酸溶液，5%氨水溶液等。

（4）加强饲养管理。

①在妊娠后期的母猪饲料中添加脂肪可提高乳脂率，有助于提高初生仔猪的抗寒力，减少腹泻的发生。

②母猪饲料的改变会影响乳汁成分的变化，常引起仔猪消化障碍，故泌乳母猪的饲料不要突然变更，饲料中蛋白质含量不要过高。

③保证仔猪有充足、清洁的饮水。

（5）利用好有机酸和微生物制剂。由于初生仔猪胃底腺不发达，生理上缺乏产生足够胃酸的能力，胃的酸性环境主要靠乳中的乳糖发酵产生乳酸来形成。仔猪断乳后，乳酸没有来源，胃内的氢离子浓度降低（pH升高）。一般氢离子浓度在316.3～1 585纳摩尔/升（pH5.8～6.5），而大肠杆菌生存最佳氢离子浓度是10～1 000纳摩尔/升（pH6～8），当氢离子浓度高于100 000纳摩尔/升（pH低于4）时，大肠杆菌生长速度降低甚至死亡。据报道，在哺乳仔猪饲料中，加入0.5%～1%柠檬酸后，肠道大肠杆菌、肠球菌明显减少，乳酸杆菌和酵母菌明显增加，从而减少了治疗腹泻药物的使用。

据报道，用益生素微生物制剂给初生仔猪灌服，可明显降低仔猪黄痢、白痢疾的发病率。现售的各种微生物制剂用以预防仔猪腹泻的基本原理是活菌进入消化道后进行繁殖，排除有害菌，并促使乳酸菌等有益菌繁殖，保持肠道内正常微生物区系的平衡。目前，我国生产的微生物制剂有乳康生促菌生（又名止痢灵）、嗜酸乳杆菌、双歧杆菌及益生素等。这些微生物制剂对预防仔猪腹泻都有效，且不产生抗药性，用量应视每克菌剂中的活菌数而定，一般占饲料的 0.02%～0.2%。

（6）药物防治。对仔猪腹泻尽量采取预防措施，减少发病。一旦发病就要采用有效办法治疗，尽量缩短病程。目前，市售治疗仔猪腹泻的药品很多。为提高疗效、减少浪费，应对细菌性腹泻进行药敏试验，从中选择最适合的药品使用。现介绍几种常用药物预防治疗方法：

①抗生素预防。母猪产前 1 周，按千克体重 500 毫克的剂量喂精制土霉素，仔猪出生后立即滴喂链霉素 2 滴（约 5 万单位），1 小时后再进行哺乳。这样，仔猪从出生至 7 日龄内几乎不发病，8～20 日龄的发病率比对照群大大降低。

②补液疗法。造成仔猪腹泻死亡的根本原因是脱水和电解质紊乱。世界卫生组织推荐过一种简单易行、经济实用、疗效良好的口服液（1 000 毫升温开水中加入 20 克葡萄糖、3.5 克氯化钠、2.5 克碳酸氢钠、1.5 克氯化钾），任腹泻仔猪自由饮用，或按每千克体重 100 毫升灌服，每天灌服 3～4 次，直至痊愈。这种口服液需现配现用，而且早服用效果较好。

③蛋清霉素治疗。据高春奇撰文介绍，用鸡蛋清与抗生素混合液注射治疗小猪腹泻疗效显著。具体做法：选取新鲜鸡蛋，用消毒好的针头抽取蛋清（每枚蛋可取 10～15 毫升），加入青霉素 40 万单位。在每头仔猪颈部肌肉或交巢穴（尾根与肛门中间凹陷处）穴位注射 4～5 毫升，1～2 次可治愈。

九、现代化母猪产房和仔猪保育舍

158 规模猪场的选址有哪些要求？

猪场场址选择远离人群聚集区、其他畜禽生产区和环保敏感区500米以上；远离肉联厂、屠宰场、化工厂等污染源3 000米以上；远离交通要道；与其他养殖场距离2 000米以上；禁止在生活饮用水水源保护区、风景名胜区、自然保护区建设猪场。

周围有足够的农田、鱼塘、果园或林地等，以利农牧结合，保持生态平衡；地势较高、背风向阳、干燥平坦或缓坡（坡度应小于25°）；与交通要道隔离的距离应不少于1千米，有足够的符合上述条件的建场面积。还要具有便利的运输条件；充足的水源和良好的水质，可按种猪日耗水量50千克，肥猪日耗水量40千克计算。具有足够的电力和其他能源的供给，自备变压器可按年出栏1万头猪配50千瓦容量的变压器计算，并配备发电机，以供停电或电力紧张时使用。

159 规模猪场如何进行规划布局？

猪场布局是否合理关系到能否正常组织生产、劳动生产率高低、生产成本高低和经济效益好坏，同时，对防疫（生物安全）等重大事项的影响应符合现状和远景规划。根据地形、地貌、水源、风向等自然条件，按照人、猪、环境三者和谐统一的原则，为实现使用方便，布局整齐、紧凑，且利于通风、采光的目标，一般猪舍间隔距离为10～15米。

猪场应分为生产区、生活管理区、废弃物处理区。生产区内净道、污道严格分开，设消毒池和消毒间；通道要符合防疫要求，而且便于生产和管理。自上而下或自内向外排列公猪舍、母猪舍、产房、保育舍、育肥猪舍。废弃物处理区、隔离区、兽医室设在生产区的最下风向低处。猪场内要搞好绿化，可起到挡风、降温、保湿的作用，使炎热夏季气温下降15%左右，还可净化空气，减少有毒有害气体25%左右，臭气、尘埃减少40%左右，空气中有害细菌数减少20%～80%。围墙一般要求高度在2～2.5米，围墙以内预留10～15米的空间，利于安全和防疫。最好在场区外围种植5～10米宽的速生杨，既增加效益，又利于防疫，排水要通畅、雨污要分离，粪污无害化处理。

另外，建好附属设施，如猪场的饲料仓库、装猪台、更衣室、浴室、消毒通道、消毒池、职工食堂和宿舍，避免人畜混居。一般猪场布局见图5和图6。

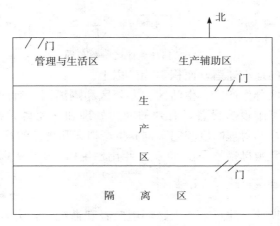

图5　猪场一般布局

160 标准化规模猪场建设的参数有哪些？

选址要远离居民区、学校、工厂、养殖区及交通干线，直线距离不少于500米，地势高燥利于排水，有充足的饮用水源和电力供

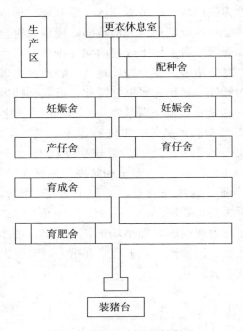

图 6　猪场生产区一般布局

给，便捷的运输通道，面积 10 亩＊以上。

严格区分生产区、生活区、办公区和隔离区，有净道和污道，有完好的基础设施设备，有效的粪污处理和病死畜无害化处理设施，有健全的管理制度和完整饲养生产档案和规范的管理措施。

存栏繁殖母猪不少于 60 头，年出栏生猪 1 000 头以上。

161　猪舍设计应注意什么？

猪舍设计应注意猪、人、环境三者和谐统一，力求做到先进、科学合理、经济适用。

（1）有利于猪的生存、生长、繁育，安全、卫生、舒适。做到结构牢固，安全卫生，适用，冬暖夏凉，通风透光，干燥清洁，便

＊ 注：亩为非法定计量单位。1 亩≈666.67 米²。

于清扫、消毒，突出环保，注重生物安全，温度最好能保持在10～25℃，哺乳仔猪保温箱一周内要求 32℃ 左右，相对湿度 45％～75％。种公猪要设计运动场。

（2）便于饲养管理和防疫。符合生产工艺流程，符合各种猪各阶段特定要求，操作方便，利于转群、转圈和日常操作。

（3）适应当地气候特点及地理条件。寒冷地区以注重保温设计，炎热地区以注重通风降温为主。

（4）经济原则。考虑土地、人力、水电、饲料、建筑、治污成本，尽量节俭。

（5）环保原则和美化原则。采用生物环保养猪法（发酵床零排放养猪技术）、沼气、农牧结合等方法，从产前、产中、产后消化粪污，猪舍设计既要坚固、经济、适用，又要突出美感。

162 各类猪只占圈栏面积各是多少？

各类猪只需占圈栏面积根据不同季节、不同阶段进行调整。一般种公猪不低于 12 米^2；妊娠母猪 4～6 米^2；哺乳母猪 8～10 米^2；育肥猪 15～30 千克体重 0.5～1 米^2，31～60 千克体重 1～1.5 米^2，61～100 千克体重 1.8～2 米^2。夏季适当降低密度以利散热。

163 怎样建好母猪产房？

由于母猪生产后身体虚弱，协调性差；初生仔猪很小且体弱，调节体温的能力差，躲避伤害的能力差，常常被母猪踩压致死；又由于母猪怕热、仔猪怕冷的特点，产房建设应注意如下几个方面：

（1）适合母猪和哺乳仔猪各自的不同需求。母猪最适温度16～19℃，出生几天的仔猪的温度要求为 29～32℃。因此，要给哺乳仔猪提供保温箱（局部供暖）。

（2）分娩栏应有保护架，防止母猪压伤、压死仔猪。

（3）便于仔猪吃奶。母猪应有较大空间躺卧。

（4）便于清扫、冲刷、消毒，保持清洁卫生。

（5）便于饲养人员管理。便于补料、防疫、消毒、检查等工作。

(6) 通风透气，冬季有较好的采光。

164 怎样建好仔猪保育舍？

仔猪保育阶段生长发育旺盛，相对增重速度较快，饲料利用率较高，但此时仔猪的各种生理机能尚不健全，适应性差，尤其是转群应激会诱发疾病，要给仔猪提供一个清洁、干燥、冬暖夏凉、空气新鲜的环境，并配备足够的采食料位和饮水嘴，还要根据仔猪好斗好玩的特性，放置仔猪喜欢玩耍的小球、吊挂铁环等，使仔猪心情愉悦。保育仔猪密度一般为 0.5～1.0 米²/头，便于运动。保育仔猪饲料易招引苍蝇，夏天应安装纱网或采取驱杀措施，给仔猪提供一个安静不受打扰的环境。保育舍结构如图 7。

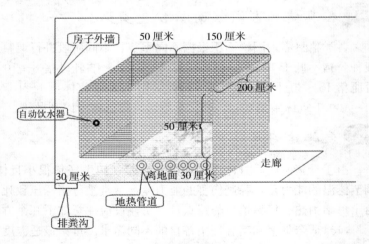

图 7　保育舍立体单元房

仔猪进舍和转圈靠人工抱进抱出。保育舍的关键是保温和无贼风，
地热取暖，休息地方密闭，休息间 3 米²，可以保育到仔猪窝重 25 千克

165 怎样准备仔猪保育舍？

仔猪移出产房之后，进入仔猪培育舍。工厂化养猪场的仔猪培

育舍使用网床式的仔猪保育栏，并安装自动饮水器、自动采食箱，有供暖、通风和防暑降温设施以及污水排放设施。现代的仔猪培育舍为仔猪创造了更加适宜的环境条件，提高了劳动生产率，适合于有一定规模的仔猪生产，为高效率的仔猪生产提供了基本保证。这种仔猪培育舍正在被越来越多的小规模生产的养猪专业户所接受。

每一批仔猪进入保育舍之前，仔猪保育舍都应当按照空圈消毒的办法进行彻底消毒，并且将圈栏、饮水器、食槽（采食箱）、供暖设备和通风、降温设备全部检修一遍。保育期仔猪呼吸道疾病的危害比较严重。因此，在空圈消毒中，用甲醛进行熏蒸消毒的程序更加有必要。使用简单的地面圈舍作为仔猪保育舍时，使用之前也应当进行彻底消毒，对于土质的地面，应挖去旧土、填以新土，然后进行消毒；对土墙或砖墙可用生石灰乳进行普遍粉刷；为仔猪准备的垫草应预先经过反复翻晒或事先用甲醛进行熏蒸消毒。

166 使用自动采食箱饲喂要注意哪些事项？

（1）应根据每一个采食孔容纳 4 头猪的原则配备足够的自动采食箱，方可保证每头仔猪都有均等的采食机会。如采食箱的数量相对不足，猪群中会出现少数生长发育滞后的个体，使猪群的整齐度下降。

（2）要经常检查箱内饲料的状况，在饲料流动出现障碍、猪吃不到饲料时（尤其是饲料的水分含量较大时），要及时搅动饲料，使饲料能够正常向下流动。

（3）在猪采食的高峰时间，要及时添足饲料，让猪吃饱。根据观察，猪采食最踊跃的时间为傍晚之前，其次为清晨之后，这两段为采食的高峰时间。

（4）在 7 天之内，待猪把采食箱内的饲料吃净后再添新的饲料，防止采食箱内死角中的饲料发霉变质。

（5）要经常检查自动采食箱的完好性，防止饲料漏出箱外造成浪费。自动采食箱见图 8。

图 8　自动采食箱

167 使用食槽时应采用怎样的饲喂方法？

使用食槽时，较普遍的饲喂方法是将粉状饲料加水制成潮拌料按顿饲喂，日投料的次数在初期为 4 次，以后改为 3 次。每次饲喂时，先用一部分饲料以最快的速度在食槽内均匀撒布，吸引所有仔猪前来采食，然后将剩余饲料在槽内均匀补齐。仔猪建立起采食条件反射后，饲喂时食欲强烈，争食，采食迅速，在 15 分钟左右吃完，这时如果绝大多数仔猪都离开食槽，槽底剩有少量的饲料粉末，说明投喂饲料的数量足够；如果仍有较多仔猪在舔食食槽，则说明投料量偏少，应适当增加投料量；如果槽内有明显的剩料，说明投料量过多，或者饲料的品质存在问题；如果猪群采食的时间延长，或饲料被反复拱动并且有较多的剩余，说明猪群的食欲下降或饲料的适口性或饲料的质量发生改变。

使用食槽饲喂的另一种方法是在食槽中添加干粉料让猪自由采食。使用这种方法应参考自动采食箱的饲喂方法，但饲料应当少给勤添；这种食槽的上面应加盖带有斜坡的金属网格，防止仔猪将饲料拱出槽外造成浪费，防止猪蹄踩入食槽污染饲料，同时防止仔猪进入食槽趴卧。

在更换饲料时，切忌突然变化，应逐步过渡。在 3～5 天的过渡期内应逐步减少旧饲料、增加新饲料。在饲料变换期，尽可能避免免疫、转群和组群等应激因素。

168 网上养猪有什么好处？

网上养猪所用的漏缝地板有：水泥漏缝地板、金属漏缝地板、塑料漏缝地板等。网上养猪不积水、不打滑，便于清扫粪便，便于清洗和消毒，有害有毒气体大量减少。寄生虫病发生率明显降低。

169 仔猪舍温度有什么要求？

仔猪皮薄毛稀，脂肪层薄，怕热又怕冷。环境温度不适宜，猪会通过增减采食量、饮水量，打堆，伏卧于粪尿中来调节体温，从而影响生长、饲料报酬和健康水平。仔猪 1 日龄要求 35℃，2～3 日龄 33～30℃，4～7 日龄 30～28℃，8～20 日龄 28～26℃，21～40 日龄 26～24℃，可通过设置专用的仔猪保温箱、红外线灯或电热板保温，也可通暖气、建发酵床解决。

170 仔猪舍湿度有什么要求？

环境湿度过高影响仔猪体温调节，有利于病菌繁殖和螨虫滋生，有利于氨气、硫化氢产生，夏季易招惹苍蝇，产生蛆虫，冬季尤感寒冷；环境湿度过低则引起仔猪皮肤和黏膜干燥，防御疾病能力下降，舍内尘土、粉末飞扬，呼吸道病患增多。仔猪舍湿度一般要求 65%～75% 为宜，夏天可通过加强通风来降低湿度，冬季则以清扫为主，尽量减少冲刷次数，以免湿度过大。

171 仔猪舍光照有什么要求？

自然光照是很好的兴奋剂，同时紫外线可杀死病原菌。"万物生长靠太阳"，仔猪也不例外。光照只要求不影响仔猪采食和饮水及人员操作即可。夏天避免阳光直射，冬季尽量增加阳光照射，以利于增加舍温和降低湿度。夜间产房可昼夜光照，一般每平方米 3～5 瓦即可，灯泡高 2～2.5 米。断奶仔猪舍夜间开 1～2 个灯泡即可，以减少光污染，提供安全的休息环境。加热的红外线灯泡高度一定要适宜，以防火灾发生。

172 仔猪舍有害气体的控制指标是什么？

仔猪舍内粪尿、饲料、垫草的发酵或腐败等因素会生成氨气、硫化氢、二氧化碳等污浊气体，直接影响猪的食欲、增重、饲料利用率和仔猪健康状况，特别对猪呼吸道有很大刺激，进而降低猪免疫力。因此，要经常通风换气，猪圈勤清扫，以保持清洁。有害气体的控制指标为：二氧化碳（CO_2）含量不超过 0.2%，氨气（NH_3）不超过 0.02 毫克/升，硫化氢（H_2S）含量不超过 0.015毫克/升。

173 发酵床的制作方法是什么？

发酵床主要由有机垫料组成，垫料主要成分是稻壳、锯末、树皮、木屑、酒糟、粉碎秸秆等，占 90%。其中锯末、稻壳占大部分，其他的占小部分。猪舍填垫总厚度 40～90 厘米。1 米^3 的垫料用菌液 2 千克。

（1）垫料选用的一般原则。垫料制作应该根据当地的资源状况首先确定主料，然后根据主料的性质选取辅料。无论何种原料，其选用的一般原则为：①原料来源广泛、供应稳定；②主料必须为高碳原料；③主料水分不宜过高，应便于临时储存；④不得选用已经腐烂霉变的原料；⑤成本或价格低。

（2）铺垫过程。不论采用何种方法，只要能达到充分搅拌，让它充分发酵就可。

①确定垫料厚度。

a. 育肥猪舍垫料层厚度夏天为 40～60 厘米，冬天为 60～80厘米。

b. 保育猪舍垫料层厚度冬天为 60 厘米，夏天为 40 厘米。

②计算材料用量。根据不同季节、猪舍面积大小与所需的垫料厚度计算出所需要的谷壳、锯末、米糠以及益生菌液的使用数量。

③物料堆积发酵。将未发酵的谷壳、锯末各取 10% 备用。

a. 按每平方米 2 千克米糠或麸皮加入 1～2 千克益生菌（液体）均匀搅拌，水分掌握在 30％左右（手握成团，一触即散为宜）。

b. 将搅拌好的原料打堆，四周用塑料布盖严厌氧发酵。室温尽量保持 20～25℃，夏天 2～3 天，冬季 5～7 天，原料发出酸甜的酒曲香味即发酵成功。

④将发酵好的米糠或麸皮和其余的谷壳和锯末充分混合、搅拌均匀，在搅拌过程中，使垫料水分保持在 50％～60％（其中水分多少是关键，一般 50％～60％比较合适。可用手抓垫料来判断，即物料用手捏紧后松开，感觉蓬松且迎风有水汽说明水分掌握较为适宜），再均匀铺在圈舍内，用塑料薄膜盖严，3 天即可使用。

⑤发酵好的垫料摊开铺平，再用预留的谷壳、锯末各 50％混合后，覆盖在上面，整平，厚度 10 厘米左右，然后等待 24 小时后方可进猪。如猪在圈中跑动时出现灰尘，说明垫料干燥，水分不够，应根据情况喷洒些水，利于猪正常生长。因为整个发酵床中的垫料中存在大量的微生物菌群，通过微生物菌群的发酵，发酵床面一年四季始终保持在 20℃左右，为猪的健康生长提供优良环境。

174 发酵床养猪法垫料怎样做好日常维护？

垫料是一个动态平衡的系统，一定注意猪的排泄量与细菌分解量相平衡。注意猪的密度适宜，千万不能太密，此外，猪舍边角处堆积的猪粪应每天铲到其他地方以利于分解，防止堆积超出垫料分解能力导致垫料菌群失活。发酵床要保持相对湿度在 50％左右。湿度偏低洒水保湿，过湿加强通风。一般每周浅翻（10～30 厘米）一次，每月深翻（30～40 厘米）一次，2～3 个月进行彻底翻一次，垫料表面最好不消毒，出现疾病要先隔离，若需消毒则消毒一天后深翻一次。冬天根据温度情况可适当增加翻耙次数，夏季尽量少翻（以防止发酵过快产热多），尽量采用全进全出。猪出栏后，先干燥 2～3 天，将垫料彻底翻出，视情况添加相应稻壳、锯末和菌种重新发酵 7 天，空置时间不能超过 20 天，然后进下一批猪。

175 目前市场上发酵菌种有哪些厂家提供?

（1）日本进口菌种。福建洛东有限公司、济南华牧天元动物保健品公司。

（2）国产菌种。康地恩公司生产的六和酵素、健源母素等。

十、仔猪的买卖

176 如何挑选好的仔猪？

选好仔猪是养好育肥猪的基础和前提。要想挑选长得快、节省料、发病少、效益高的仔猪，应注意以下几点：

（1）猪的品种不同，长得快慢也不一样。土种猪长得慢、生长期长、压圈，杂交猪长得快、生长期短、饲料利用率高、出栏早、周转快。杂种猪的日增重都在 500 克以上。

（2）看体形。仔猪应腰长、前胸宽、嘴短、后臀丰满，四肢粗壮而有力，身长与体宽的比例合理。嘴要闭，这样的猪一般不拱食、不拱槽、不拱圈，吃食时不糟蹋饲料。腿要长，这样的猪青年期骨架自然放得开，便于短期育肥，且个头大。肩要宽，这样的猪往往吃得多、长得快。尾呈鞭状，即尾根粗梢细且经常摆动；病猪的尾巴下垂、不摆动。

（3）看神态。健康的猪精神好，眼亮有神，不沾眼屎，见人害怕；病猪则精神萎靡，姿势不正，双眼闭合，见人懒得动。

（4）看皮毛。健康无病的仔猪皮毛光亮，身上无出血点；病猪则毛乱无光，皮肤往往有出血点或生有痘、疮。

（5）听声音。合格的仔猪抓住猪耳则发出洪亮的尖叫声；病猪则叫声嘶哑、低沉。

（6）饲喂特点。买仔猪时，先向畜主了解猪苗是吃粉料还是稀料，生喂还是熟喂，以精料为主还是以青粗料为主，每天喂几次，以确定饲喂方法。

（7）空腹猪不能买。仔猪空腹，说明仔猪采食量少或根本就不采食。通常卖主为了多得收入，在仔猪上市前，会设法让仔猪多吃精料，以增加仔猪重量。不能吃食的仔猪，说明它不健康。仔猪食欲好，日增重则大。购买仔猪时，一定要买虎头虎脑的猪，并自带饲料试喂。

（8）发热猪不能买。购猪时应用手触摸仔猪耳根，烫手的多为患有某种疾病而引起体温升高的猪。若见仔猪眼结膜潮红，喜卧，站立时全身颤抖，说明这头猪正在发病过程中，是不能购进的。

（9）腹泻猪不能买。腹泻的仔猪可见其肛门周围和两后肢上部沾有稀粪。如果稀粪较多，说明该猪腹泻严重。特别是粪便腥臭的仔猪，通常都是病猪。

（10）脱水猪不能买。仔猪脱水表现为反应迟钝，大便干燥，小便发黄，眼窝下凹，卧而不立，肌肉震颤。这样的猪多为卖主从外地长途运来，因车船颠簸、饮水不足而引起脱水，其生长慢、易发病。

（11）不钳耳朵的猪不能买。仔猪没有用钳子夹过耳朵，说明没有经过兽医打防疫针，这种猪易发病。

在挑选仔猪时，那些表现活泼可爱、皮红毛亮、眼亮有神、嘴短唇齐、鼻镜湿润、肩宽背直、后脚直立、尾巴粗短、呼吸自如、叫声响亮、主动采食的仔猪，应是最佳选择目标。

177 长途运输仔猪前要做好哪些准备工作？

（1）严格检查。在产地起运仔猪时，要逐步检查，挑选健康无病的仔猪。经过"三病"预防注射并有防疫证明的和符合品种特征的仔猪方可外运。

（2）备足饲料和饮水。根据运程远近，备足饲料和饮水，准备好铁皮桶或塑料桶数个。每个桶装100升水。

（3）合理装载。装猪车辆应严禁使用装过化肥、农药和化学药品等有刺激性或可能危害仔猪健康的物品的车辆。同时，要检查车辆有无突出铁钉等锐利物品，以免伤害仔猪。还应对车辆、用具以及各种设施用3‰～5‰的氢氧化钠或菌毒敌1∶150溶液进行彻底喷雾消毒。为了防止开车、停车引起仔猪伤亡或掉膘，可用笼分装仔猪。每一个笼装2～3只仔猪，然后将笼分层堆码，要避免野蛮的运输方式。

（4）专人押运，挑选有长途押运经验的人。运输仔猪前，要让其排出部分粪尿，以保证仔猪免受感染；运输中，应防止剧烈颠簸，防止仔猪相互挤压、撕咬。最好在气候不冷不热的时候引进仔猪；若在夏季引进仔猪，要加强通风，保证充足饮水，以防中暑；若在冬季，则要采取防寒、保暖措施，以防仔猪感冒。

178 长途运输途中的仔猪如何饲养管理？

（1）空气流通。运猪车辆应打开车辆窗户，进行空气对流。并打开火车车厢的一面车门，汽车车厢的后护板不能关闭。

（2）定时喂食。将配合料拌湿，上、下午各喂仔猪1次，喂五到七成饱。夏、秋季气温高，应供足饮水，多喂青料。气温特高时，应对猪体喷水降温。

（3）分别管理仔猪。按大小、强弱分别装笼，弱小仔猪放在上面，并要对其进行精心管理。

（4）防治疾病。每天清扫粪便，减少臭味，保持清洁卫生。细心观察，发现病猪，应及时诊断、对症治疗。

179 仔猪在高温季节如何运输？

尽量创造适宜的运输条件。猪最适宜的温度为15～23℃，过热过冷都会对猪形成影响。因此，在夏天运输仔猪时应选择阴凉时段，如阴天、夜晚，避开高温天气，运输时盖上遮阴设施，防止猪只中暑；在上车前，用氯丙嗪按每千克体重3～4毫克肌内注射。另外，应将汽车两侧车厢板放下；在运输途中，每隔4～5小时对全车由上而下彻底冲洗。运输猪只时，车辆速度不宜过快，刹车不宜过猛，路沟、坑洼地带要小心慢行，缓缓减速，尽量减少猪只突然拥挤受惊。

180 新购回的仔猪怎样管理？

（1）在购猪前，应先将栏舍清除干净，尤其是发生过疫病的栏舍，更应进行彻底消毒。

（2）买进仔猪的第一天，先喂给充足的清水。饮水后让仔猪自由活动、排出粪便。待其寻食时投些青绿多汁饲料，以后再逐渐添加精饲料，仔猪以七八成饱为宜。等仔猪完全适应以后，再让其自由采食。

（3）仔猪买回后，要隔离观察 15～30 天，确定无病后，经驱虫，便可同其他仔猪混养，开始正常的饲养。个别健康状况不好的应及时进行治疗。未进行疫苗免疫的仔猪，要进行猪瘟、猪丹毒、猪肺疫等疫苗的免疫注射。

图书在版编目（CIP）数据

仔猪健康养殖180问/王会珍等主编．—北京：中国农业出版社，2020.10（2023.1重印）

（养殖致富攻略·疑难问题精解）

ISBN 978-7-109-27319-1

Ⅰ．①仔…　Ⅱ．①王…　Ⅲ．①仔猪—饲养管理—问题解答　Ⅳ．①S828-44

中国版本图书馆 CIP 数据核字（2020）第 174183 号

中国农业出版社出版

地址：北京市朝阳区麦子店街 18 号楼

邮编：100125

责任编辑：肖　邦

版式设计：王　晨　　责任校对：吴丽婷

印刷：北京通州皇家印刷厂

版次：2020 年 10 月第 1 版

印次：2023 年 1 月北京第 2 次印刷

发行：新华书店北京发行所

开本：880mm×1230mm　1/32

印张：4.75　插页：2

字数：120 千字

定价：28.00 元